Repetitorium der
Hygiene und Bakteriologie
in Frage und Antwort

Von

Professor Dr. W. Schürmann
Universität Gießen

Vierte, verbesserte und
vermehrte Auflage

9. bis 15. Tausend

Springer-Verlag Berlin Heidelberg GmbH

1922

ISBN 978-3-662-28268-7 ISBN 978-3-662-29786-5 (eBook)
DOI 10.1007/978-3-662-29786-5

Ursprünglich erschienen bei Julius Springer, Berlin 1922

Vorwort zur ersten Auflage.

Vorliegendes Repetitorium der Hygiene und Bakteriologie, das nach den neuesten vorzüglichen Lehrbüchern (Flügge, Gärtner) in Frage und Antwort zusammengestellt ist, bezweckt nicht, das Studium der einschlägigen Werke zu ersetzen. Es soll vielmehr dem Studierenden nur dazu dienen, sich Rechenschaft über schon erlangtes Wissen zu geben, sich durch Fragestellen an präzises Beantworten zu gewöhnen. Bei genügenden Vorkenntnissen soll ein Durcharbeiten des Repetitoriums ausreichen, um sich den gewaltigen Stoff der Hygiene und Bakteriologie in gedrängter Form noch einmal ins Gedächtnis zurückzurufen. Gerade jetzt in der Kriegszeit hoffe ich durch das Erscheinen dieses Vademekums manchem Kandidaten eine Erleichterung für das Examen zu bieten.

Halle 1918. **Der Verfasser.**

Vorwort zur zweiten Auflage.

Nach kaum einem Jahre ist die erste Auflage des Repetitoriums vergriffen. Die Grundsätze, die bei der Bearbeitung des vorliegenden Buches maßgebend waren, sind im Vorwort zur ersten Auflage aufgeführt. Es sollte dem Studierenden dazu dienen, sich Rechenschaft über schon erlangtes Wissen zu geben. Das Repetitorium soll die umfangreichen Lehrbücher in keiner Weise ersetzen.

Die neue Auflage ist in vielen Punkten erweitert worden; besonders mit Rücksicht auf die hygienischen Kurse und die hygienischen Aufgaben, die dem Kandidaten im Examen zur Beantwortung vorgelegt werden können, sind überall, wo es notwendig erschien, derartige Aufgaben eingefügt (nach Fischer-Kisskalt). Ich bin mir wohl bewußt, daß hier und da eine zu ausführliche Behandlung des Gegenstandes erfolgt ist; aber einer gewissen Vollständigkeit halber mußten die Methoden gebracht werden. Durch die Einfügung derselben in die zweite Auflage ist das Repetitorium auch als Unterstützung in den hygienischen Kursen zu benutzen. Unwesentliche Dinge, die in der ersten Auflage eingefügt waren und eine unnötige Gedächtnisbelastung darstellten, sind gestrichen.

Gießen, März 1919. **Der Verfasser.**

Vorwort zur dritten Auflage.

Daraus, daß nach Verlauf von kaum zwei Jahren schon eine dritte Auflage dieses Buches notwendig ist, ersehe ich, daß es einer wachsenden Beliebtheit sich erfreut, und ich möchte der dritten Auflage eine ebenso günstige Aufnahme wünschen. Gegenüber der letzten Auflage ist das Kapitel Dysenterieamoeben neu bearbeitet, und dem Kapitel Pocken sind für das Examen notwendige Erweiterungen zugefügt worden.

Gießen, Juni 1920. **Der Verfasser.**

Vorwort zur vierten Auflage.

Die vierte Auflage des Repetitoriums hat eine wesentliche Umarbeitung erfahren. Erweitert sind die Kapitel: die klimatischen Einflüsse, Luft, Boden, Kleidung und Hautpflege, Desinfektion unter Berücksichtigung der neuesten ministeriellen Verfügungen. Neu eingefügt ist bei der Hygiene der Wohnung das Kapitel Entstäubung, in der Bakteriologie der Abschnitt über das Bacterium coli und die Spirochäten bei Plaut-Vincent'scher Angina. Gegenüber den früheren Auflagen sind die einzelnen Krankheitserreger im Rahmen eines natürlichen Systems vorgeführt, soweit dies bei dem heutigen Stande unserer Wissenschaft möglich ist.

Harburg, Elbe, Februar 1922. **Der Verfasser.**

Inhaltsverzeichnis.

Hygiene.

Bakteriologie.

Allgemeiner Teil.

Spezieller Teil.

A. Die pathogenen Bakterien.

Hygiene.

Die klimatischen Einflüsse.

Welche in der freien Atmosphäre sich abspielenden Vorgänge beanspruchen vom hygienischen Standpunkte aus ein besonderes Interesse?

Die physikalischen Vorgänge wie Temperatur-, Druck-, Feuchtigkeitsschwankungen, die Bewegungsverhältnisse der Atmosphäre und das chemische Verhalten der Luft (Gehalt an Sauerstoff, Ozon, Kohlensäure und fremden Gasen); endlich kommen in Frage die beigemengten staubförmigen Bestandteile.

Was versteht man unter Witterung?

Die physikalischen Vorgänge in der Atmosphäre während einer bestimmten kürzeren Zeit.

Was versteht man unter Klima?

Das mittlere Verhalten der meteorologischen Faktoren, welches für irgend einen Ort durch längere Beobachtung sich ergeben hat.

Luftdruck.

Wie wird der Luftdruck gemessen?

Durch Quecksilberbarometer oder Metallbarometer (Holosteric-, Aneroïdbarometer). Unter den Quecksilberbarometern unterscheidet man Gefäßbarometer und Heberbarometer.

Wie bestimmt man den wirklichen Luftdruck mittels Quecksilberbarometer?

Ablesen des Barometerstandes (Bt) und des Thermometers (t). Berechnung nach folgender Formel:

$$B_0 = \frac{Bt}{1 + t \cdot 0{,}001815^{*}}$$

auf 0° C reduzieren.

* = Ausdehnungskoeffizient für Quecksilber.

Wie groß ist der Luftdruck am Ufer des Meeres, wie verhält er sich bei zunehmender Erhebung über das Meeresniveau?

Am Ufer des Meeres hält der Luftdruck einer Quecksilbersäule von 760 mm Höhe das Gleichgewicht; bei zunehmender Erhebung über das Meeresniveau nimmt der Barometerdruck ab.

Wie registriert man die örtliche Verteilung des Luftdrucks?

Durch Isobaren, Linien, die Orte gleichen Luftdrucks miteinander verbinden, wobei die Barometerstände auf das Meeresniveau reduziert werden müssen.

Die Isobaren zeigen auf einer Karte geschlossene Kreise.

Ist die Tagesschwankung des Luftdrucks in der kalten und gemäßigten Zone groß?

Nein. Die täglichen Schwankungen an einem Orte betragen selten 20 mm; die jährlichen ca. 50 mm.

Beim Hinabsteigen unter das Meeresniveau wird eine entsprechende Steigerung des Luftdrucks bemerkbar. Geben Sie mir einige Beispiele.

In den Bergwerken ist der Luftdruck um 50 mm und mehr über das Normale gesteigert, in Caissons und in den Taucherglocken kommt ein höherer Druck (bis zu 3 Atmosphären und mehr) zustande.

Welches Gewicht hat die auf dem erwachsenen Menschen ruhende Luftsäule?

Ein Gewicht von rund 20000 kg. Dieser Druck wird nicht empfunden, da er von allen Seiten kommt und der Körper inkompressibel ist.

Welche hygienische Bedeutung haben die Luftdruckschwankungen?

1. Stark gesteigerter Luftdruck ruft eine Verlangsamung der Atmung und des Pulses hervor. Das Trommelfell wird eingewölbt; Sprechen ist erschwert, die Muskelarbeit behindert. Weiter kommt eine stärkere Sauerstoffaufnahme in Frage. Das Venenblut wird nach längerem Verweilen in komprimierter Luft heller, zur Vermehrung des Blutsauerstoffs kommt es nicht.

Die Schädigungen, die durch stark vermehrten Luftdruck hervorgerufen werden können, sind unbedeutend. Vorsicht ist geboten beim Übergang aus stark komprimierter Luft in die gewöhnliche (Gasembolie). Der Druckanstieg für 0,1 Atmosphäre soll mindestens $1/2$ Minute Zeit erfordern.

2. Stark verminderter Luftdruck bringt eine Steigerung der Atem- und Pulsfrequenz hervor, bedingt durch Druckabnahme und Verminderung der Sauerstoffzufuhr. In 5000 m Höhe Abnahme des Sauerstoffs um ca. 50%. Das Trommelfell wölbt sich nach außen, die Muskelbewegungen sind erleichtert.

Worauf ist die Bergkrankheit zurückzuführen?	Auf ungewohnten Aufenthalt in größeren Höhen; auf Druck- und Sauerstoffabnahme, auf Kälte, Wind und vielleicht auch auf das elektrische Verhalten der Luft und auf anstrengende Muskelarbeit.
Wo spielen die Luftdruckschwankungen eine Rolle?	In Steinkohlengruben beim Entstehen der „bösen Wetter". Beim Sinken des Luftdrucks dringt Methan in die Gruben ein.

Luftbewegung.

Wie ermittelt man die Stärke der Luftbewegung?	Durch Ablenkung einer Kerzenflamme, Tabaksrauch, Federn, Baumblätter etc. oder genauer durch statische Anemometer, die den Druck des Windes messen, oder durch dynamische Anemometer, welche die Luftgeschwindigkeit angeben (Flügelrad-Anemometer; Robinson'sches Schalenkreuz-Anemometer, Anemometer von Combes-Recknagel [für schwache Luftströme]. Um eine Achse sind 4 Marienglasflügel angeordnet, die, vom Luftstrom angeblasen, die Achse drehen. Ein Zählwerk zeigt die Umdrehungen der Achse an. Die Umdrehungszahl [n] multipliziert mit der Zahl, welche den Reibungswiderstand [b] angibt, unter Hinzufügung der Zahl für den Trägheitswiderstand [a], ergibt die Sekundenschnelligkeit [v] in Metern [$v = a + nb$]). Siehe auch Seite 90.
Wodurch entsteht der Wind?	Die Luftbewegung entsteht durch Druckdifferenzen in dem Luftmeer, die auf Temperaturunterschiede zurückzuführen sind. Die warme Luft dehnt sich aus, steigt nach oben und fließt in die oberen Regionen über. Die umgebende Luft stürzt in das entstandene Minimum hinein. Unterstützend wirken noch die Erdumdrehung und die Zentrifugalkraft.
Was sind Zyklonen, was Antizykonen?	Die vom Minimum beherrschten Strömungen nennt man Zyklonen, die

vom Maximum ausgehenden Winde Antizyklonen. In der gemäßigten Zone werden die Luftströmungen von den Zyklonen und Antizyklonen beherrscht.

Kennen Sie die synoptischen Witterungskarten?

Ja. Sie werden täglich von den amtlichen Wetterdienststellen ausgegeben. Sie geben die jeweiligen Witterungsverhältnisse durch bestimmte Zeichen an, so z. B. durch Pfeile die Windrichtung, durch die Fiederung des Pfeiles die Windstärke; auch sind die Isobaren eingezeichnet u. dgl.

Inwiefern ist die Luftbewegung von hygienischer Bedeutung?

Die Windrichtung bedingt die zu erwartenden Niederschläge, Temperaturveränderungen. Die Windstärke beeinflußt die CO_2-Abgabe, die Wärme- und Wasserdampfabgabe des Körpers.

Indirekt verursachen die Winde ein lebhaftes Durchmischen der Atmosphäre, eine Verdünnung übler Gerüche, schädlicher Gase und Verminderung des Keimgehaltes der Luft. Sie beeinflussen ferner die Wasserverdampfung der Erdoberfläche. Nachteilig wirken sie durch Aufwirbeln von Staub.

Luftfeuchtigkeit.

Wie wird die Menge des in der Luft enthaltenen Wasserdampfes gemessen?

Durch den von demselben ausgeübten Druck (Spannung, Tension) gemessen in Millimeter Quecksilbersäule.

Wie läßt sich der Feuchtigkeitszustand der Atmosphäre bestimmen?

Durch Berechnung

1. der maximalen Feuchtigkeit F; für jeden Temperaturgrad besteht ein Zustand der Sättigung mit Wasserdampf oder der maximalen Tension des Wasserdampfes, bei Temperaturerniedrigung tritt Taubildung ein;

2. der absoluten Feuchtigkeit F_0 = diejenige Menge Wasserdampf in Millimetern Quecksilber oder in Gramm oder Liter pro 1 cbm Luft, die zur Zeit wirklich in der Luft enthalten ist;

3. der relativen Feuchtigkeit (Fr) oder der Feuchtigkeitsprozente $= \frac{100\,F_0}{F}$;

4. des **Sättigungs-** (Spannungs-) **Defizits** = der Differenz zwischen maximaler und wirklich vorhandener absoluter Feuchtigkeit $F - F_0$;

5. des **Taupunktes** = derjenigen Temperatur, für die augenblicklich die Luft mit Wasserdampf gesättigt ist, für welche $F_0 = F$ ist. Bei Erniedrigung der Temperatur tritt Taubildung ein.

Der Taupunkt wird aus der Tabelle des maximalen Dunstdrucks erhalten.

Nennen Sie mir Methoden zur Bestimmung der Luftfeuchtigkeit.

1. Wägung des Wasserdampfes.

2. Kondensationshygrometer (bestimmen den Taupunkt und tabellarisch aus diesem die absolute Feuchtigkeit).

Ein kleines zylindrisches Gefäß, außen mit einer polierten Silber- bzw. Goldbekleidung versehen, wird künstlich abgekühlt. Man beobachtet mit empfindlichen Thermometern, bei welcher Temperatur Taubildung eintritt. Das Sättigungsdefizit findet man durch Subtraktion der so gefundenen absoluten Feuchtigkeit von der maximalen, die relative Feuchtigkeit durch Division.

3. Haarhygrometer.

4. Atmometer.

5. Psychrometer.

a) Schleuderpsychrometer.

b) **Augusts**ches Psychrometer.

c) **Assmanns** Aspirationspsychrometer.

Wie bestimmt man die absolute Feuchtigkeit (F_0)?

Man schwingt zunächst das trockene Thermometer an einer 1 m langen Schnur einmal in der Sekunde, schwingt so lange, bis keine Änderung der Temperatur eintritt. (Alle $1/2$ Minuten kontrollieren.) Gleiche Bestimmung mit dem Thermometer, dessen Kugel mit befeuchtetem Musselin umhüllt ist. Die Temperatur des trockenen Thermometers sei t, die des befeuchteten t_1. Man berechnet daraus die Differenz $t - t_1$ und findet dann die absolute Feuchtigkeit F_0 nach der Gleichung $F_0 - F_1 - K \cdot B \cdot (t - t_1)$, wobei F_1

die maximale Feuchtigkeit bei der Temperatur t_1 bedeutet; zu entnehmen aus der Spannungstafel. K = Konstante = 0,0007; B = Barometerstand.

Bsp.: $t = 20{,}5°$; $t_1 = 15{,}4°$; $t - t_1 = 5{,}1°$.

In der Spannungstafel findet man für 20,5° die maximale Feuchtigkeit $F = 17{,}94$, für 15,4° $F_1 = 13{,}03$. Aus der Tabelle für den Faktor $K \cdot B\,(t - t_1)$ entnimmt für die Differenz $t - t_1 = 5{,}1$ den Wert 2,69. Es ergibt sich nach der Formel

$$F_0 = F_1 - KB \cdot (t - t_1) = 13{,}03 - 2{,}69 = 10{,}34 \text{ mm}.$$

b) mit dem Augustschen Psychrometer?

Es besteht aus 2 Thermometern: die Kugel des einen ist trocken, die des anderen mit feuchter Gaze umwickelt, die in Wasser taucht.

Je mehr Wasser verdunstet, desto größer die Abkühlung und desto niedriger der Thermometerstand. Die Temperaturdifferenz der Thermometer ist der Feuchtigkeit umgekehrt proportional. Die Konstante = 0,65. Berechnung nach der Formel:

max. Feuchtigkeit = abs. + $(t_1 - t_2)$. 0,65

abs. = max. Feuchtigkeit − $(t_1 - t_2)$ 0,65.

Die max. Feuchtigkeit wird nach einer Tabelle bestimmt.

Wovon hängt die Menge der absoluten Feuchtigkeit ab?

Von der Temperatur und von der raschen Wasserverdunstung.

Wie verläuft die Tagesschwankung der absoluten Feuchtigkeit?

Kurz vor Sonnenaufgang liegt das Minimum; bis etwa 9 Uhr morgens steigt die absolute Feuchtigkeit infolge der zunehmenden Wasserverdunstung; bis 4 Uhr nachmittags erfolgt eine Abnahme und dann bis 9 Uhr abends wieder eine Steigerung derselben.

Wie verläuft die Jahresschwankung der absoluten Feuchtigkeit?

Im Januar haben wir die geringste, im Juli die höchste absolute Feuchtigkeit.

Wie bestimmt man die relative Feuchtigkeit (*Fr*) mit Koppes Haarhygrometer?

Man entfernt die hintere Blechwand des Apparates, feuchtet den Musselinstreifen mit Wasser an, stellt den Zeiger, wenn er sich nicht selbst richtig einstellt, auf 100. Dann entfernt man Deckel und Glasscheibe. Wenn der Zeiger zur Ruhe gekommen ist, relative Feuchtigkeit in Prozenten ablesen und den Wärmegrad aufschreiben.

Die Bestimmung der relativen Feuchtigkeit auf der Haut oder zwischen den Kleidungsstücken geschieht mit dem Kleider- (Haar-) Hygrometer von Wurster. Wie groß ist die Wärme und die relative Feuchtigkeit auf der bekleideten Haut bei richtiggewählter Kleidung?

31 ° C und 30—40% relat. Feuchtigkeit; bei zu dicker, undurchlässiger Kleidung dagegen 35 ° C und 65%; hier starke Belästigung.

Wie verläuft die Tagesschwankung der relativen Feuchtigkeit?

Das Maximum derselben liegt zur Zeit des Sonnenaufganges, das Minimum ca. um 3 Uhr nachmittags.

Wie verhält sich die Jahresschwankung der relativen Feuchtigkeit?

Sie zeigt nur geringe Schwankungen:
im Winter 75—85%,
„ Sommer 65—75%.

Wie verhält sich das Sättigungsdefizit?

Es zeigt ungeheuere Schwankungen.

Welche Faktoren haben einen Einfluß auf die Wasserdampfabgabe des Organismus?

1. Die relative Feuchtigkeit.
2. Die Temperatur; bei höherer Temperatur steigt die Wasserabscheidung durch die Haut.
3. Der Wind; er setzt die Wasserdampfabgabe der Haut bei 20°—35° herab (Erwärmung durch Leitung).
4. Die Muskelarbeit steigert die Wasserdampfabgabe.
5. Die Ernährung; sie beeinflußt die Wasserdampfabgabe hauptsächlich bei höherer Temperatur.
6. Das Sättigungsdefizit.
7. Der Luftdruck spielt eine untergeordnete Rolle.

Wie reagiert der Körper auf zu starke Wasserabgabe?

Mit Durstgefühl.

Werden hohe Feuchtigkeitsgrade der Luft gut vertragen?

Nein. Sie rufen Beklemmung hervor.

Wärme.

Wie mißt man die Temperatur der Atmosphäre?

Mit empfindlichen Quecksilberthermometern, Metallthermometern (Thermograph, bei dem die Temperaturschwankungen mittels Schreibhebels auf einer rotierenden Trommel registriert werden); für große Kältegrade verwendet man Weingeistthermometer.

Maximal- und Minimalthermometer (Six und Casella) kommen für meteorologische Beobachtungen in Betracht.

Die strahlende Wärme mißt man mit Schwarzkugelthermometern im Vakuum nebst zugehörigem Vergleichsthermometer (Insolationsthermometer).

Wie ist ein Thermometer anzubringen?

An der Nordwand des Hauses, 4 m über dem Boden, geschützt gegen Strahlung vom Boden und von erwärmten Hauswänden, gegen Regen etc.

Was ist ein Schleuderthermometer und wozu dient es?

Ein an einer 1 m langen Schnur befestigtes gewöhnliches Thermometer, das im Kreise geschwungen wird. Es dient zur Bestimmung der wirklichen Lufttemperatur.

Was ist das Assmannsche Aspirationsthermometer?

Ein Thermometer in einem dünnwandigen Metallgehäuse mit einem Federkraft-Laufwerk. Ein konstanter Luftstrom von 2,3 m pro Sekunde Geschwindigkeit wird durch ein Exhaustorscheibenpaar an dem Thermometer vorbeigeführt.

Was verstehen Sie unter dem Tagesmittel der Temperatur?

Die Temperatur-Stundenbeobachtungen eines Tages werden addiert, durch 24 dividiert. Auf diese Weise erhält man das Tagesmittel der Temperatur.

Was versteht man unter dem Monats- und Jahresmittel der Temperatur?

Die Tagesmittel addiert und durch die Zahl der Tage des Monats bzw. Jahres dividiert ergeben das Monatsmittel bzw. Jahresmittel.

Der klimatischen Charakteristik legt man die mitt-

Als Monats- und Jahresisothermen, Linien, die Orte gleicher mittlerer

lere Monats- und Jahrestemperatur zugrunde. Wie stellt man sie dar?

Monats- bzw. Jahreswärme miteinander verbinden.

Wie nimmt die Lufttemperatur in der Höhe ab?

Für je 100 m Steigung nimmt die Temperatur um 0,57° im Mittel ab.

Um über die Temperaturverhältnisse der bewohnten Erdoberfläche Aufschluß zu erhalten, ist die Kenntnis der an vielen Orten gesammelten meteorologischen Daten notwendig. Welche Temperaturen kommen in Betracht?

Die mittlere Monats- und Jahrestemperatur, die absoluten und mittleren Extreme, die mittlere Tagesschwankung, die mittlere Jahresschwankung und die interdiurne Veränderlichkeit.

Was versteht man unter absoluten und mittleren Extremen?

Die höchste resp. niedrigste Temperatur, die überhaupt während der genannten Beobachtungsjahre zu verzeichnen war.

Durch Addition der höchsten resp. niedrigsten Temperaturen der einzelnen Beobachtungsjahre und Division durch die Zahl der Jahre findet man die mittleren Extreme.

Was versteht man unter mittlerer Tagesschwankung?

Die mittlere Differenz zwischen der Maximal- und Minimaltemperatur eines Tages.

Ist die Tagesschwankung über dem Meere sehr groß?

Nein; sie ist aber inmitten der großen Kontinente selbst in polaren Regionen sehr bedeutend (stärkste Kontraste in der Sahara, Tibet).

Wie mißt man die mittlere Jahresschwankung?

Durch die Differenz zwischen den mittleren Temperaturen des heißesten und des kältesten Monats.

Was bezeichnet man als interdiurne Veränderlichkeit?

Den unperiodischen Temperaturwechsel von einem Tage zum anderen.

Die Temperaturschwankungen beeinflussen die Wärmeregulierung unseres Körpers. Bei welchen anderen Vorgängen gibt der Körper auch Wärme ab?

Die normalerweise vom Körper täglich erzeugten 3000 Wärmeeinheiten werden wie folgt abgegeben:

1. Durch Speisen (40—50 WE).
2. Durch Erwärmung der Atemluft und Wasserverdunstung an der Lungenoberfläche (200—400 WE).
3. Durch Wärmeabgabe von der Haut (2000 WE und mehr), und zwar
   - durch Leitung,
   - „ Strahlung,
   - „ Wasserverdunstung.

Wie viele Wärmeeinheiten werden bei der Verdunstung von 1 g Wasser latent?

0,51 WE.

Wie groß ist der Wärmeverlust bei größerer Körperanstrengung für den Menschen?

Er verliert bei stärkerer Körperanstrengung 2000—2600 g Wasser durch Verdunstung von der Haut = 1000 bis 1500 WE.

Was versteht man unter chemischer Wärmeregulation?

Die Hautnerven regen je nach dem Grade der Abkühlung reflektorisch den Verbrennungsprozeß in den Muskeln mehr oder weniger an.

Die Wärmeproduktion des Körpers kann noch von anderen Faktoren beeinflußt werden. Wodurch z. B.?

Durch Muskelbewegungen und auch durch die Quantität und Qualität der Nahrung.

Wovon ist die Wärmeabgabe abhängig?

Vom Atemvolumen, von der Vergrößerung oder Verringerung der Körperoberfläche, von der Blutfülle, Blutzirkulation und von der Schweißsekretion (physikalische Wärmeregulation).

Durch zu hohe Temperaturen wird die Entwärmung des Körpers behindert, so daß es zu Wärmestauung kommt. Welche akute Krankheitserscheinung kommt durch Wärmestauung zustande?

Der Hitzschlag.

Nennen Sie mir die Symptome des Hitzschlags.

Gesicht gerötet, Augen glänzend, Kopfschmerz, Beklemmung, Trockenheit im Halse, trockene Haut, Flimmern vor den Augen, Ohrensausen, Ohnmacht, Zittern der Glieder, Bewußtlosigkeit.

Wann sind die Bedingungen für den Hitzschlag günstig?

Bei ruhiger mit Feuchtigkeit gesättigter Luft (Tropen im Anfang einer Regenperiode, in der gemäßigten Zone vor Ausbruch eines Gewitters); begünstigt wird das Auftreten des Hitzschlages beim Marsche in geschlossenen Kolonnen, bei angestrengten Muskelbewegungen (Tunnelarbeiter), durch reichliche Nahrung (erhöhte Wärmeproduktion), ungenügendes Getränk, durch Alkoholgenuß und eng anliegende, warme Kleidung.

Wie kann man demnach dem Hitzschlag vorbeugen?

Durch zweckmäßige Kleidung und Wohnung, mäßige Nahrung, Luftbewegung durch Fächer, kalte Übergießungen.

Wie nennt man die Krankheit, die als eine Folge der direkten Einwirkung von Sonnenstrahlen auf den ruhenden Organismus aufzufassen ist?

Sonnenstich.

Wie schützt man sich gegen die direkte Insolationswirkung?

Durch weiße, die Sonnenstrahlen reflektierende Kleidung und Kopfbedeckung.

Wodurch wird die sog. Tropenanämie hervorgerufen?

Durch Erschwerung der Wärme- und Wasserdampfabgabe durch warme und feuchte Luft. Folge: Erschlaffung und Schwächegefühl des Körpers.

Bei längerem Aufenthalt in tropischen Klimaten gesteigerte Empfindlichkeit gegenüber kleinsten Temperaturschwankungen. Disposition zu Erkältungskrankheiten.

Welche Schädigungen des Körpers kommen durch zu niedrige Temperaturen zustande?

1. Erfrierungen.
2. Erkältungskrankheiten.

Wann kommen Erfrierungen am leichtesten vor?

Bei stark bewegter kalter Luft und bei ungenügender Bekleidung (unterstützt durch Alkoholgenuß).

Welche Witterungsverhältnisse geben am leichtesten zu Erkältungskrankheiten Anlaß?

Heftige kühle Winde, in Wohnräumen Zugluft, plötzliche Temperaturschwankungen, Niederschläge (Bodennässe), Durchnässung von Schuhwerk und Kleidung.

Welche Klimate disponieren für Erkältungskrankheiten?

1. Feuchtes tropisches Klima;
2. Klima mit heftigen, kalten Winden und Niederschlägen mit Bodennässe;
3. Klima mit plötzlichen Temperaturschwankungen.

Niederschläge und Sonnenstrahlung.

Wie entstehen Niederschläge?

Durch Kondensation von atmosphärischem Wasserdampf, indem kältere Luftströmungen in wärmere einbrechen und umgekehrt (Nebel-Niederschlag von Wasser um die feinsten in der Luft schwebenden Staubpartikelchen herum). Vergrößern sich die Nebelbläschen durch Kondensation, so entstehen Wassertropfen, Regen oder bei 0° C Schnee bzw. Hagel.

Wo fallen die größten Regenmengen, d. h. in welcher Zone?

In der tropischen Zone.

Wovon ist die Menge des Regens abhängig?

Von der Sättigung des Luftstromes mit Wasserdampf und der Intensität der Abkühlung.

An der Küste und im Gebirge fällt mehr Regen als im Binnenland und in der Ebene.

Hygienische Bedeutung der Niederschläge.

1. Schädigend wirken sie infolge Durchfeuchtung des Schuhwerks und der Kleidung. Erkältungskrankheiten.

2. Indirekt sind sie ein bedeutungsvoller Teilfaktor des Klimas.

3. Sie reinigen Luft und Boden, schwemmen Staub, Bakterien und Fäulnisstoffe fort.

4. Sie können organisches Leben und auch die Vermehrung und Erhaltung der Mikroorganismen befördern.

5. Der Feuchtigkeitsgehalt der Luft und der oberen Bodenschichten und der Stand des Grundwassers ist von den Niederschlägen abhängig.

Die Sonnenscheinzeit wird mit Hilfe eines Sonnenscheinautographen bestimmt. Kennen Sie die Konstruktion dieses Apparates?

Durch eine Glaskugel werden die Sonnenstrahlen auf einem dahinter befindlichen mit Stundeneinteilung versehenen Papierstreifen konzentriert, sodaß das Papier an dieser Stelle versengt oder verfärbt wird.

v. Esmarch verwendet bei seinem Apparat lichtempfindliches photographisches Papier.

Welche drei Strahlenarten finden sich im Sonnenlicht?

1. Die Wärmestrahlen,
2. die Helligkeitsstrahlen,
3. die kurzwelligen Strahlen.

Gehen wir einmal diese drei Strahlenarten genauer durch.

Die langwelligen roten Wärmestrahlen werden von dem menschlichen Organismus als wohltuend empfunden. Zu intensive Bestrahlung des Körpers kann Sonnenstich hervorrufen.

Die Helligkeitsstrahlen, die mit dem Weber'schen Photometer gemessen werden, sind dem Körper im allgemeinen dienlich (erhöhte Kohlensäureausscheidung). Größere oder geringere Lichtfülle beeinflußt das psychische Wohlbefinden und die Stimmung.

Zu den kurzwelligen Strahlen gehören:

1. Die blauvioletten (photographischen) Strahlen,
2. die ultravioletten Strahlen (elektrisch wirksam).

Worauf ist die Heilwirkung der Höhenkurorte zurückzuführen?

Auf die ultravioletten Strahlen des Sonnenlichtes, weil hier die starke Absorption der Strahlung durch die Atmosphäre wegfällt.

Welche Wirkungen schreibt man den ultravioletten Strahlen zu?

1. Eine günstige Wirkung durch gesteigerte Oxydation, erhöhte Muskelleistungen, Herabsetzung des Blutdrucks, Vertiefung und Verlangsamung der Atmung, Lähmung der Vasomotoren der Haut.

2. Eine schädigende Wirkung durch Hyperämie und Entzündung der Haut (Gletscherbrand), durch Auftreten roter und brauner Flecken auf der Haut (Xeroderma pigmentosum).

Welche Wirkung üben die ultravioletten Strahlen auf Bakterien aus?

Sie töten sie ab. (Durch Sonnenlicht gehen sie in 3 Stunden, durch diffuses Tageslicht erst binnen 3—4 Tagen zugrunde.)

Klima.

Was versteht man unter Witterung, was unter Klima?

Witterung ist der jeweilige Zustand der Atmosphäre eines Ortes mit den sich darin in einer engbegrenzten Zeit abspielenden Vorgängen.

Klima ist das durchschnittliche Ergebnis sämtlicher im Laufe der Jahre beobachteten Witterungsverhältnisse.

Nennen Sie mir die klimatischen Charakteristika der

Es fehlt der „Wechsel der Witterung" fast völlig. Es wechselt die Zeit

tropischen und subtropischen Zone?

der Passate (Winde mit trockenem Wetter) mit der Regenzeit (Sommerregen) ab. Die Luftfeuchtigkeit ist besonderen Schwankungen unterworfen. Eine weitere Eigentümlichkeit dieses Klimas bildet die intensive Sonnenbestrahlung. Durch die günstigen Bedingungen für organisches Leben kommt es einerseits zu doppelten Ernten, andererseits zu starken Zersetzungen, Fäulnis- und Gärungsvorgängen.

Die Mortalität ist in den Tropen eine sehr hohe. Durch welche Krankheiten ist sie bedingt?

Sonnenstich, Hitzschlag, Malaria, Ruhr, Darmkatarrh, Cholera asiatica, Cholera infantum, Phthise, Bronchitis, Pneumonie.

Nennen Sie mir die klimatischen Charakteristika der arktischen Zone.

Hier ist der Wechsel der Jahreszeiten ein ausgesprochener. Im Winter fehlt die Sonnenstrahlung ganz. Niederschläge sind selten. Der Winter bringt eine furchtbare Monotonie. Unter den Menschen greift Schläfrigkeit, Depression und Reizbarkeit um sich.

Die höchste Wärme tritt im Juli-August ein. Im Sommer durchweg angenehme Witterungsverhältnisse.

Welche Krankheiten kommen in der arktischen Zone vor?

Krankheiten der Respirationsorgane sind häufig. Wegen der Erschwerung der Einschleppung infektiöser Krankheiten herrschen hier äußerst günstige Gesundheitsverhältnisse. Phthise fehlt vollkommen. Pneumonien sind relativ selten.

Nennen Sie mir die klimatischen Charakteristika der gemäßigten Zone.

Wechsel der Jahreszeiten, aperiodisches Schwanken der Witterung; starke Tages- und Jahresschwankungen der Temperatur im kontinentalen Klima; ausgeglicheneres Klima in den Küstenstrichen.

Welche Krankheiten kommen für die gemäßigte Zone besonders in Betracht?

Im Binnenlande: Diarrhoea infantum, Cholera, Phthise, Pheumonie, Bronchitis.

Im Küstenklima treten diese Krankheiten infolge günstiger klimatischer Verhältnisse bedeutend zurück.

Welches sind die klimatischen Eigentümlichkeiten des Höhenklimas?

Die Sonnenstrahlen wirken intensiver, die Lufttemperatur ist geringer. (Durchschnittliche Abnahme der Lufttemperatur für 100 m Erhebung im Mittel 0,57 °C) Die Tages- und Jahresschwankungen sind geringer. Je höher ein Ort, desto geringer ist die absolute Feuchtigkeit. Gebirgige Gegenden haben relativ häufige Niederschläge, da sich die warmen Luftschichten an den Gebirgen plötzlich abkühlen. Die Luftbewegung ist lebhafter als in der Ebene. Höher gelegene Orte, namentlich waldbedeckte Striche zeichnen sich durch Reinheit, Staubfreiheit der Luft aus. Höhenluft wirkt anregend auf Herz- und Lungentätigkeit, sie erhöht den Stoffwechsel.

Wie beeinflußt das Höhenklima die Cholera infantum, Cholera asiatica, Malaria und Phthise?

Die niederen Sommertemperaturen verursachen im allgemeinen eine Abnahme der Cholera infantum. Eine Immunität gegen Cholera asiatica bringt die Höhenlage nicht, aber die Erschwerung des Verkehrs verringert die Einschleppungs- und Verbreitungsgefahr. Im allgemeinen läßt sich eine Abnahme der Malaria mit zunehmender Höhe feststellen (in den Alpen bis zu 500 m), wohl durch die für die Anopheles ungünstigeren Lebensbedingungen, wie das Fehlen von sumpfigen und muldenförmigen Tälern, herbeigeführt. Die Mortalität an Phthise nimmt ab.

Was versteht man unter Akklimatisation?

Die Gewöhnung des Einzelindividuums oder einer ganzen Rasse an ein ungewohntes Klima.

In welchen Zonen ist für den Europäer die Akklimatisation leicht?

In der arktischen und subtropischen Zone; ungleich schwerer ist sie in den tropischen Gebieten, speziell in Küstengebieten.

Woran scheitert die Akklimatisation in jenen Gegenden?

An infektiösen Krankheiten (Malaria, Dysenterie, Schlafkrankheit, Gelbfieber, Beri-Beri), denen die Kolonisten ausgesetzt sind; ferner an abnehmender Fruchtbarkeit der Ehen, an Auftreten physischer und psychischer Degeneration der arischen Einwanderer.

Bei der Akklimatisation kommt angeborene und er-

Ob seine Vorfahren sich schon mit Einwanderern aus der tropischen Zone

worbene Rassendisposition in Betracht. Was ist für den Europäer bezüglich seiner Ansiedelungsfähigkeit in den Tropen von Wichtigkeit? — gekreuzt haben (Malteser, Spanier, Portugiesen liefern resistente Kolonisten).

Wovon hängt die angeborene individuelle Disposition zur Akklimatisation ab? — Von der Körperbeschaffenheit des Einzelindividuums.

Was ist für den Ansiedler in den Tropen von ganz besonderer Bedeutung? — Die genaue Einhaltung hygienischer Lebensbedingungen betreffs Wohnung, Kleidung und Beschäftigung.

Luft.

Chemisches Verhalten.

Wieviel Luft etwa atmet der Mensch täglich ein? — 10 cbm.

Wie verteilen sich die einzelnen in der Luft enthaltenen Gase prozentual? — Man findet im Mittel 20,7% Sauerstoff, 78,3% Stickstoff, 1% Argon, Spuren von Krypton, Neon und Metargon. 1% Wasserdampf, 0,03% Kohlensäure, Spuren von Ozon, H_2O_2, NH_3, HNO_3, HNO_2, zuweilen Kohlenoxyd, Kohlenwasserstoff, schweflige Säure etc.

Ist der Sauerstoffgehalt der Luft konstant? — Ja. Die Schwankungen betragen vielleicht 0,5%. Innerhalb bewohnter Wohnräume sind die Abweichungen des Sauerstoffgehaltes von der Norm nur gering.

Bei welchem Sauerstoffgehalt der Luft treten Atembeschwerden ein? — Wenn der Sauerstoffgehalt der Luft unter 11% sinkt (siehe Bergkrankheit Seite 2).

Wann kann der Tod erfolgen? — Bei einem Sauerstoffgehalt der Luft unter 7%.

Ozon (O_3) und Wasserstoffsuperoxyd (H_2O_2) besitzen stark oxydierende Eigenschaften. Wann entsteht Ozon und welche hygienische Bedeutung steht ihm zu? — Ozon entsteht durch elektrische Entladungen (Gewitter) oder künstlich durch Hindurchleiten von elektrischen Entladungen durch Luft oder Sauerstoff, bei Verdunstung von Wasser; Ozon befreit die Luft von organischem Staub und übelriechenden Substanzen.

Tötet Ozon Bakterien ab, die in der Luft vorhanden sind? — Nein. Die in der atmosphärischen Luft vorhandene Menge Ozon (2 mg Ozon in 100 Kubikmeter) genügt nicht. Erst wenn der Gehalt von 2 g Ozon im Kubikmeter überstiegen wird, werden die Luftbakterien abgetötet.

Wie wirkt künstlich gesteigerter Ozongehalt der Atmungsluft auf den Menschen ein?

Er erzeugt eine Reizung der Konjunktiva, Schläfrigkeit, Reizung der Respirationsschleimhaut und Glottiskrampf.

Wann ist die Luft besonders ozonreich?

Im Frühjahr, bei feuchter bewegter Luft, nach Gewittern, bei Schneefall.

Wie wird der Ozonnachweis erbracht?

Man führt einen Strom der zu untersuchenden Luft längere Zeit über einen mit Kaliumjodidstärkekleister getränkten Fließpapierstreifen. Durch Ozon wird Jod freigemacht.

$2\,KJ + H_2O + O_3 = 2\,KOH + O_2 + J_2$

Stärke wird gebläut.

Das in der Atmosphäre enthaltene H_2O_2 entsteht in gleicher Weise wie das Ozon und zwar in größeren Mengen. Kommt ihm eine hygienische Bedeutung zu?

Nein.

Woher stammt die Kohlensäure der Luft?

1. Von der Atmung der Menschen und Tiere (ein Mensch atmet stündlich 22 Liter CO_2 aus).
2. Von Fäulnis- und Verwesungsprozessen.
3. Von der Verbrennung von Brennmaterial.
4. Von unterirdischen CO_2-Ansammlungen.

Wieviel Kohlensäure wird täglich von einem Erwachsenen bei mittlerer Kost und Arbeit durchschnittlich ausgeschieden?

1000 g oder 550 Liter Kohlensäure.

Wie wird die Kohlensäure aus der Luft fortgeschafft?

Durch grüne Pflanzen, die am Tage Kohlensäure zerlegen, durch Niederschläge und die kohlensauren Salze des Meerwassers. Eine gleichmäßige Verteilung der CO_2 der Luft findet durch Winde statt, so daß sie überall in der freien Atmosphäre zu 0,25, in den Straßen der Städte zu 0,35 pro Mille vorhanden ist.

Wie hoch kann der Kohlensäuregehalt der Luft innerhalb der Wohnungen steigen?

Bis 1, 2 und 10 pro mille.

Wie wird der Kohlensäurenachweis der Luft geführt?

a) nach Pettenkofer (genaue Bestimmung). $Ba(OH)_2 + CO_2 = BaCO_3 + H_2O$ Barytwasser gibt mit CO_3 unlösliches $BaCO_3$. Je größer der CO_2-Gehalt der Luft, um so mehr $BaCO_3$ wird gebildet; um so mehr verringert sich der Gehalt des $Ba(OH)_2$ an dem alkalisch reagierenden Ätzbaryt. Durch Titrieren mit Oxalsäure wird auch dieses in Bariumoxalat (unlöslich) übergeführt. $Ba(OH)_2 + C_2H_2O_4 = BaC_2O_4 + 2\,H_2O$. Zum Versuch füllt man einen geaichten 5 Literkolben mit Blasebalg 50 mal (= ca. 5 maliger Luftwechsel). Vermeiden der Exspirationsluft. Kolben dann rasch mit Gummikappe schließen. Eiligst 100 ccm Barytwasser aus der Pipette (ohne zu blasen!) in den Kolben einlaufen lassen. Gut den Kolben verschließen. Luftdruck und Temperatur ablesen. Dann 15 Minuten schütteln und hin- und herrollen (vermeiden, daß die Flüssigkeit mit der Gummikappe in Berührung kommt). Jetzt wird das getrübte Barytwasser durch einen Trichter in eine Glasstöpselflasche gegossen. Den Niederschlag läßt man 3 Stunden sich absetzen. — In der Zwischenzeit stellt man sich das Barytwasser ein. 25 ccm Barytwasser werden mit Pipette in ein Becherglas gefüllt und 2 Tropfen Phenolphthaleïn hinzugefügt. Titrieren mit Oxalsäurelösung (1,405 g i. Liter) bis das Rot verschwindet. Öfters wiederholen.

Aus der Stöpselflasche werden nun 25 ccm Barythydrat (klar) abgefüllt, 3 Tropfen Phenolphthaleïn zugesetzt und mit Oxalsäurelösung titriert. Aus der Menge des durch die Kohlensäure beschlagnahmten Baryts wird unter Berücksichtigung des angewendeten Luftvolumens der Kohlensäuregehalt der Luft berechnet.

126 Gewichtsteile kristallwasserhaltige Oxalsäure entsprechen 44 Gewichtsteilen Kohlensäure; 2 mg Kohlensäure sind gleich rund 1 ccm Kohlensäure bei 0° und 760 mm Druck.

b) nach Lunge-Zeckendorf (approximativ). In ein Pulvergläschen von 80 ccm Inhalt bringt man 10 ccm einer mit Phenolphthaleïn versetzten Sodalösung ($^1/_{10}$ Normalsodalösung 2 ccm + 100 ccm Aqu. dest.). Das Pulverglas hat doppelt durchbohrten Stopfen. Durch die eine Öffnung geht ein Glasrohr bis zum Boden des Gefäßes, durch die andere Öffnung führt ein knieförmig gebogenes Glasrohr, an dem ein Gummiballon angebracht ist, der ein Ventil enthält, das die Luft nur heraustreten, nicht aber eintreten läßt. Durch Zusammendrücken des Ballons wird die Luft durch das Ventil nach außen geführt; jetzt saugt der Ballon die Außenluft durch das lange Glasrohr durch die Flüssigkeit in das Fläschchen. Dieses Verfahren ist so lange zu wiederholen, bis Entfärbung eingetreten. Aus der Anzahl der nötigen Füllungen läßt sich der CO_2-Gehalt der Luft annähernd bestimmen.

Bei einem CO_2-Gehalt von 0,3 pro mille braucht man 48 Füllungen,

bei einem CO_2-Gehalt von 0,6 pro mille braucht man 21 Füllungen,

bei einem CO_2-Gehalt von 0,9 pro mille braucht man 10 Füllungen,

bei einem CO_2-Gehalt von 1,2 pro mille braucht man 8 Füllungen,

bei einem CO_2-Gehalt von 1,5 pro mille braucht man 6 Füllungen.

c) Der Wolpertsche Kohlensäuremesser (Karbazidometer) gibt annähernde Bestimmungen. In einem kalibrierten Glaszylinder wird eine konstante kleine (2 ccm) mit Phenolpthaleïn rotgefärbte Menge von Sodalösung ($^1/_{50}$%) mit steigenden Mengen der zu untersuchenden Luft geschüttelt, bis alle Soda in saures kohlensaures Natron übergeführt ist, was am Verschwinden der Rotfärbung erkennbar ist. 2 ccm der Sodalösung binden 0,03131 ccm CO_2 bei 0° und 760 mm.

$$Na_2CO_3 + H_2O + CO_2 = 2\ NaHCO_3.$$

Je kohlensäureärmer die Luft, desto mehr muß bis zur Entfärbung gebraucht werden. Berechnung:

Entweder die dem Kolbenstand entsprechenden $^0/_{00}$ CO_2 ablesen oder aus der abgelesenen Zahl der eingelassenen ccm Luft den Kohlensäuregehalt berechnen $= \frac{0{,}03131}{\text{eingelassene ccm Luft}}$.

Wie verhält sich der menschliche Organismus gegenüber dem Kohlensäuregehalt der Luft?

Ein Gehalt der Luft von 1—5% Kohlensäure wird *vorübergehend* ohne Schaden vertragen.

Der Tod erfolgt bei einem Gehalt von 14%, bei reichlichem Vorhandensein von Sauerstoff sogar erst bei 40%.

Trotzdem ist festgestellt worden, daß freie Luft von mehr als 0,4 pro mille CO_2, wie sie in Industriebezirken, Städten und bei Moorrauch vorkommt, *auf die Dauer* als belästigend empfunden wird. Wohnungsluft von mehr als 1 pro mille CO_2 beeinträchtigt das Wohlbefinden. Hier treten aber noch andere Momente, wie z. B. übelriechende Gase usw. hinzu.

Wie gelangt Kohlenoxydgas in die freie Atmosphäre?

Mit den Gichtgasen der Hochöfen, mit dem Schornsteinrauch, Leuchtgas und den Heizgasen.

Wie weist man Kohlenoxydgas nach?

Spektroskopisch. Durch Untersuchung von verdünntem Blut (1 : 300), das mit 5—10 Liter der zu untersuchenden Luft gemengt ist, oder mit Palladiumchlorürpapier, das sich bei Kohlenoxydgasanwesenheit schwärzt.

Kennen Sie noch andere Proben für die Kohlenoxydbestimmung?

1. Die Tanninprobe nach *Kunkel* und *Welzel*.

2. Die Ferrocyankalium-Essigsäureprobe.

Für beide Proben gebraucht man eine 10 Literflasche, die mittels Blasebalg mit Luft gefüllt und dann verschlossen wird. Man bringt 50 ccm 20% Blutlösung (Blut 1 + Wasser 4) hinein, schüttelt 20 Minuten. Für die Ausführung der Proben füllt man mit Trichter den Flascheninhalt in Kölbchen ab.

Tanninprobe: 5 ccm Blutlösung + 15 ccm 1% Tanninlösung, umschütteln. Ebenso wird mit einer Kontrollösung (nicht im Schüttelversuch gewesene, verdünnte Blutlösung) verfahren. Es bildet sich ein Niederschlag, der schon bei 0,023 ‰ CO Anwesenheit nach 1—2 Stunden bräunlichrot, bei normalem Blut (Vergleichsprobe) graubraun wird. (Dauerprobe.)

Ferrocyankalium—Essigsäureprobe.

Zu 10 ccm Blutlösung 5 ccm Ferrocyankalium (20%) zusetzen + 1 ccm Essigsäure (1 Vol. Eisessig + 2 Vol. Wasser). Der bei CO Blut auftretende Niederschlag wird bald rotbraun, der des normalen Blutes (Vergleichsprobe) graubraun.

Rufen Kohlenwasserstoffe, die durch undichte Heizkörper, Tabakrauch etc. in die Wohnräume gelangen, schwere Gesundheitsstörungen hervor?

Nein.

Wo in der freien Luft finden sich

1. Spuren von Chlor?

1. In der Nähe von Chlorkalkfabriken, Chlorbleichen.

2. Spuren von Salzsäure?

2. In der Nähe von Steinguttöpfereien, Sodafabriken.

3. Schweflige Säure?

3. In Industriestädten; Alaunfabriken.

4. Salpetrige Säure?

4. Bei elektrischen Entladungen.

5. Schwefelwasserstoff?

5. In der Nähe von Aborten, Abortgruben, Abdeckereien, Morästen etc.

Wie bestimmt man in der Luft die schweflige Säure?

Durch ein Peligot-Rohr saugt man mittels Aspirator ein bestimmtes Volumen Luft; vorgelegt sind 20 ccm $\frac{n}{50}$ Jodlösung; dann geht die Luft durch eine weitere Vorlage, die 5 ccm $\frac{n}{50}$ Natriumthiosulfatlösung enthält. Zusammengießen beider Lösungen; Nachspülen mit Aqu. dest. Als Indikator dient Stärkelösung. Titrieren mit $\frac{n}{50}$ Natriumthiosulfatlösung bis zur Entfärbung.

$SO_2 + 2H_2O + 2\,J = 2\,HJ + H_2SO_4$.

Werden durch verunreinigte schlechte Luft Beeinträchtigungen der Gesundheit hervorgerufen?

Ja. Bei Ansammlung von Menschen treten infolge zu geringer Zuführung von frischer Luft Schwindel, Ohnmachten und Beklemmungen ein. Diese Erscheinungen beruhen auf Wärmestauung und lassen sich durch Entwärmung beheben. Durch übelriechende Gase wird Ekel und Widerwillen hervorgerufen.

Luftstaub.

Welche Elemente setzen den Luftstaub zusammen?

Gröbere Staubpartikel, Ruß, Sonnenstäubchen, Mikroorganismen.

Wie geschieht die Untersuchung?

a) auf gröberen Staub?

Offene Schalen, deren Boden mit Glyzerin angefeuchtet ist, werden gewisse Zeit stehen gelassen. Wiegen des angesammelten Staubes.

b) der Aitkenschen Staubkörperchen?

Man saugt in eine Zählkammer, deren Boden aus einer mit Quadrateinteilung versehenen Glasplatte besteht, eine bestimmte Luftmenge. Betrachtung mittels Lupe von oben. Die Luft in der Kammer wird feucht erhalten. Die Kammerluft wird durch eine kleine Luftpumpe, verdünnt und so bildet sich um jedes Staubteilchen ein Wassertröpfchen, das sich auf der Zählplatte niederschlägt.

c) auf Ruß?

Ansaugen der gemessenen Luftmengen durch ausgespannte Papierfilter und Beobachtung des Grades der Verfärbung. Evtl. Bestimmung durch Wägung.

Wann findet man die größten, wann die kleinsten Mengen von grob sichtbarem Staub in der Luft?

Im Sommer, bei austrocknenden heftigen Winden werden die größten Mengen gefunden, die geringsten nach Regen und bei feuchtem Boden. In der Luft der Städte ist der Staub zu 0,2 mg in 1 cbm Luft nachgewiesen.

Die Hauptquelle des Staubes bildet die Bodenoberfläche. Der Staub besteht demnach woraus?

Zu $^{2}/_{2}$—$^{3}/_{4}$ aus anorganischer Substanz, aus Gesteinssplittern, Sand- und Lehmteilchen, organischem Detritus, Pferdedünger, Haaren, Pflanzenteilchen, Fasern von Kleidungsstücken, Pollenkörnern und Sporen von Kryptogamen, (Schwefelregen: Blütenstaub von Nadelhölzern), Mikroorganismen.

Woraus bestehen Rauch und Ruß?

Aus dichten Kohlenwasserstoffen und Kohlenteilchen, die den Feuerungsgasen infolge der stets unvollständigen Verbrennung der Kohle beigemengt sind.

Was sind Sonnenstäubchen?

Partikelchen von organischem Detritus, feinste Woll- und Baumwollfasern und Mikroorganismen. Die Sonnenstäubchen sind sichtbar, wenn in ein sonst dunkles Zimmer ein Lichtstrahl einfällt.

Kann durch die Einatmung von Staub eine Gesundheitsschädigung hervorgerufen werden?

Die Einatmung von nicht zu großen Mengen von Staub wird nicht als Belästigung empfunden. Es kann durch wiederholte Einatmung von Staub in großen Mengen eine mechanisch und chemisch reizende Wirkung auf die Respirationsschleimhaut zustande kommen. Durch gewerblichen Staub (Blei, Arsen, Phosphor) entstehen Vergiftungskrankheiten oder die Staubinhalationskrankheiten: Anthrakosis, Siderosis, Chalikosis etc.

Haften den Staubteilchen lebende Krankheitserreger an (Staub aus Wohnungen, in denen kontagiöse Kranke sich aufhalten), so kann die Staubeinatmung zu Infektionen führen. Die meisten Bakterien sind aber Saprophyten und gehen in der Lunge rasch zugrunde.

Wie kommen die Mikroorganismen in die Luft?

Von der Bodenoberfläche, von den Kleidern, der Haut, von der Schleimhaut der Menschen (beim Husten, Niesen, Sprechen).

Gehen von feuchten Flächen oder von Flüssigkeiten mit der einfachen Wasserverdunstung Bakterien in die Luft über?

Nein.

Nur beim Verspritzen der Flüssigkeit können Wassertröpfchen und mit diesen auch Mikroorganismen durch die Luft fortgeführt werden.

Krustenartig eingetrocknete Bakterienansiedlungen kommen für den Übertritt in die Luft kaum in Betracht. Was für Einflüsse sind für die Verstäubung derselben notwendig?

Temperaturdifferenzen, durch mechanische Gewalt hervorgerufene Kontinuitätstrennungen und stärkere Luftströme.

Was ist schwerer, Bakterien oder Schimmelpilzsporen?

Bakterien. Sie setzen sich demgemäß nach Staubaufwirbelung rascher zu Boden, weil stets an gröberen Teilchen anhaftend, während die Schimmelpilzsporen sich noch lange schwebend erhalten.

Wieviel Luftkeime findet man in 1 cbm Luft im Freien?

Im Mittel 500—1000 Keime, darunter 100—200 Bakterien, der Rest besteht aus Schimmelpilzen.

Wo trifft man in der Luft verhältnismäßig geringe Keimzahlen an?

In Einöden, auf unbewohnten Bergen, bei feuchtem Wetter, bei mäßigen Winden und auf dem Meere, auch im Winter.

Wann findet man die größten Mengen von Keimen in der Luft?

Bei hoher Temperatur, starkem Sättigungsdefizit und heftigen Winden.

Bietet die Luft im Freien oft Infektionsgelegenheit?

Nur ganz ausnahmsweise; die pathogenen Keime werden verdünnt und sterben durch Lichteinwirkung und Eintrocknung ab.

Welchen Bakterien begegnet man im Straßenstaub?

Eiterkokken, Tetanusbazillen, den Bazillen des malignen Ödems.

In geschlossenen Räumen wird eine Infektion von der Luft aus leichter und häufiger zustande kommen, besonders wann?

Wenn Kranke da sind, deren Exkrete sich der Luft beimengen.

Um sich über die Art der in der Luft vorhandenen Luftmikroben Aufschluß zu verschaffen, ist das Kultur-

1. Das Hessesche Verfahren. Durch eine mit Nährgelatine ausgekleidete Glasröhre wird eine bestimmte Menge Luft aspiriert. Die gewachsenen Kolo-

verfahren anzuwenden. Welche Verfahren kennen Sie?

nien werden gezählt und qualitativ untersucht.

2. Das Petrische Verfahren. In ein Glasrohr wird ein Drahtnetz eingeklemmt, darauf kommt eine 3 cm dicke Schicht grober Sand, dann wieder ein Drahtnetz. Die Luft wird durch das Filter gesogen. Nach Beendigung des Versuchs wird Sand und Drahtnetz in Agar gebracht; die gewachsenen Kolonien werden gezählt und untersucht. Ein neueres Verfahren ist von Ficker angegeben. Statt Sand enthält das Filter gestoßenes und gesiebtes Glas oder künstlich hergestellte Quarzstückchen. Das Glasrohr mit dem Filter ist bauchig erweitert, und um eine völlig sichere Absorption zu erzielen, ist das Rohr, das die Luft zuführt, in das Pulver dieser Erweiterung hineingeführt.

Boden.

Mechanische Struktur der Bodenschichten.

Neben der äußeren Gestaltung der Bodenoberfläche kommt auch der geognostische und petrographische Charakter der oberflächlichen Bodenschichten in Betracht. Welche vier geologischen Formationen unterscheidet man?

1) Die azoïsche. Keine Spur von organischem Leben. Granit, Gneis, Glimmerschiefer usw.

2) Die paläozoïsche. Reste von Algen, Gefäßkryptogamen, Protozoen usw. als Anfänge der organischen Welt.

Grauwacke, Tonschiefer, Steinkohle.

3) Die mesozoïsche. Amphibien, Reptilien, Vögel, Säugetiere.

Kreide, Jura, Keuper, Muschelkalk, Buntsandstein.

4) Die känozoïsche Formation, deren älteste das Tertiär. Darin Spuren von Palmen, Angiospermen, Säugetieren, Mensch, Kalkstein, Sand, Ton, Braunkohlenlager, Basalte. Auf das Tertiär folgt das Diluvium und das Alluvium.

Welches sind die Faktoren, die bei der hygienischen Beurteilung des Bodens Interesse bieten?

1. Die physikalische Beschaffenheit (Korngröße, Porenvolumen, Permeabilität, Wasserkapazität, Absorption, Temperatur).

2. Das chemische Verhalten.
3. Das Grundwasser und das Wasser der oberen Bodenschichten.
4. Die Mikroorganismen.

Der Boden setzt sich aus einzelnen Partikeln, „Körnern“ zusammen (Ausnahme starrer Fels). Der Korngröße nach gelten welche Bezeichnungen?

Kies = Körner von mehr als 2 mm Durchmesser; Sand = Körner von 0,3 bis 2 mm Durchmesser; Feinsand = Körner unter 0,3 mm Durchmesser. Teilchen unter 0,05 mm Durchmesser bezeichnet man als Staub.

Was ist Ton, Lehm und Humus?

Ton = allerfeinste Partikelchen, besteht größtenteils aus kieselsaurer Tonerde.

Lehm = Ton + Eisen + Sand (Quarz, Glimmer, Kalk).

Humus = Sand oder Lehm + organische Reste (hauptsächlich pflanzlicher Natur).

Wie bestimmt man die Korngröße?

Die Bodenprobe wird bei 100° getrocknet, zerrieben, gewogen und auf einen Siebsatz (5 oder 6 Siebe von verschiedener Maschenweite) gebracht. Die auf jedem Sieb zurückgehaltene Masse wird wieder gewogen und auf Prozente des Gesamtgewichts der Probe berechnet.

Was kommt außer der Korngröße noch in Betracht?

Die Porosität und das Porenvolumen des Bodens.

Wovon hängt das Porenvolumen ab?

Von den Größenverhältnissen der einzelnen Bodenelemente.

Wieviel Prozent des ganzen Bodenvolums wird von den Poren eingenommen?

Bei gleichgroßen Bodenelementen beträgt das Porenvolumen etwa 38% (gleich ob Kies, Sand oder Lehm).

Wann wird das Porenvolumen kleiner?

Wenn verschiedene Korngrößen gemischt sind, und zwar so, daß die feineren Elemente in den Poren zwischen den größeren sitzen. Das Porenvolumen sinkt bei Kies mit grobem Sand oder Sand mit Lehm auf 5—10%.

Wie bestimmt man das Porenvolumen?

Durch Messung oder Wägung des aufgesogenen Wassers. Die zu untersuchende Bodenprobe wird in einen Zylinder, dessen Volumen und Gewicht bekannt ist, eingestampft und das Ganze gewogen. Nach dem Abzug des Gewichts des leeren Zylinders von dem Gesamtgewicht ergibt sich das absolute Gewicht des Sandes und dies durch sein spezifisches Gewicht = 2,6 dividiert, ergibt das Volumen des Bodens ohne Lufteinschlüsse. Es ist dann Zylindervolumen — Bodenvolumen = Porenvolumen, das in Prozenten des lufthaltigen hineingefüllten Bodens angegeben wird.

Beispiel: $1500 - 500 = 1000;$

$$1000 : 2{,}6 = 379;$$
$$500 - 379 = 121;$$
$$121 : 500 = x : 100;$$
$$12100 = 500\,x;\; x = \frac{12100}{500}.$$

Oder: In einen Blechzylinder von bekanntem Volumen stampft man getrockneten Boden ein. Füllt in einen Glasmeßzylinder 500 ccm Wasser ein. Schüttet man den Inhalt des Blechzylinders in den Glaszylinder, rührt mit Glasstab um. Feststellen, um wieviel der Inhalt des Glasmeßzylinders zugenommen hat. Berechnung des Porenvolumens in Prozenten.

Schwankt die Porengröße?

Ja. Bei Ton und Lehm ist sie am geringsten.

Je feiner die Poren, um so mehr Widerstände bieten sie der Bewegung von Luft und Wasser. Wovon ist demnach die Durchlässigkeit (Permeabilität) eines Bodens für Wasser und Luft abhängig?

a) Von der Porengröße.

b) Vom Porenvolumen.

Worauf erstreckt sich die Attraktions- und Adsorptionswirkung des Bodens?

a) auf Wasser. Läßt man durch einen trockenen Boden größere Wassermengen hindurchlaufen, so gewinnt man nach dem Aufhören des Zuflusses nur einen Teil des Wassers wieder. Der andere Teil wird im Boden durch Flächenattraktion zurückgehalten, der ein Maß für die wasserhaltende Kraft oder die sog. „kleinste Wasserkapazität" des Bodens darstellt.

b) auf Wasserdampf, andere Dämpfe und Gase (Adsorption riechender Gase, z. B. Erdklosets). Energische Wirkung zeigt nur der feinporige, trockene Boden.

c) auf gelöste Substanzen (durch die Doppelsilikate des Bodens. Fixierung der Phosphorsäure, des Kalis und NH_3).

Wie bestimmt man die Wasserkapazität des Bodens?

Ein Zylinder von bekanntem Gewicht, dessen Boden mit einem Drahtnetz versehen ist, wird mit trockenem Boden gefüllt und gewogen, darauf langsam in ein Gefäß mit Wasser gesenkt, bis das Wasser von unten bis zur Oberfläche durchgedrungen ist. Jetzt hebt man den Zylinder heraus, läßt abtropfen und wägt wieder. Bei reinem Kiesboden sind nur 12—13 Prozent der Poren dauernd mit Wasser gefüllt. Beim Feinsand findet man etwa 84 Prozent feine Poren.

Welchen Bodenarten kommen starke Effekte der Adsorption zu?

Humus, Lehm und feinstem Sand.

Beispiel. Schnelle und gründliche Zurückhaltung der Farbstoffe, Retention der Gifte.

Wie prüft man die Kapillarität des Bodens?

Durch Glasrohre (mit Boden gefüllt), die in Wasser eingetaucht sind. Man beobachtet dabei teils die Höhe, bis zu welcher das Wasser gehoben wird, teils die Geschwindigkeit des Aufsteigens.

Erfolgt im Boden auch eine Zerstörung und Oxydierung der organischen Moleküle?

Ja. C und N wird vollständig mineralisiert, d. h. in Kohlensäure und Salpetersäure übergeführt unter Mitbeteiligung nitrifizierender Bakterien. Daher leistet jeder feinporige Boden eine Mineralisierung der organischen Stoffe.

Temperatur und chemisches Verhalten des Bodens, die Bodenluft.

Wie bestimmt man die Temperatur des Bodens?

Durch Messung mit Thermometern, die in Gasrohre eingelassen werden.

Wovon ist die Erwärmung des Bodens abhängig?

1. Von der Intensität der Bestrahlung und dem Einfallswinkel der Sonnenstrahlen.
2. Von der Neigung des Terrains.
3. Vom Absorptionsvermögen des Bodens für Wärmestrahlen, von der Wärmeleitung und Wärmekapazität.
4. Von der Verdunstung.

5. Von Fäulnis- und Oxydationsvorgängen (Mikroorganismen).

In welcher Bodentiefe ist die Tagesschwankung konstant?

In 0,5 m Tiefe.

Wie verhält sich dazu die Jahresschwankung?

In 0,5 m Tiefe beträgt sie noch 10°,
„ 4 „ „ „ „ „ 4°,
„ 8 „ „ „ „ „ 1°.

In welchen Tiefen finden wir das ganze Jahr hindurch die gleiche mittlere Temperatur?

Zwischen 8 und 30 m Tiefe. Von da ab findet beim weiteren Vordringen in die Tiefe eine Zunahme der Temperatur statt, und zwar auf je 35 m um etwa 1° (im Gotthardtunnel bis + 31°).

Welche hygienische Bedeutung kommt der Bodentemperatur zu?

Sie ist von Einfluß auf die klimatischen Verhältnisse eines Ortes und auf das Leben der Bakterien. (In 1 m Tiefe kein Leben von Mikroorganismen mehr.)

Die Anlage von Wasser- und Kanalröhren hat mit der Bodentemperatur zu rechnen.

Was ist in den verschiedenen Gesteinsarten enthalten?

Kieselsäure, Kohlensäure, Tonerde, Kali, Natron, Eisen, Kalk, Magnesia. Daneben organische und anorganische Stoffe, aus den Abfallstoffen des menschlichen Haushalts und aus pflanzlichem und tierischem Detritus und aus den Niederschlägen.

Wann führt der Gehalt des Bodens an organischen Substanzen zur Benachteiligung der Bewohner?

Wenn auf und in dem Boden so intensive Fäulnisprozesse verlaufen, daß riechende Produkte sich in merkbarer Menge der atmosphärischen oder der Wohnungsluft beimischen.

Wodurch kann es zum Ausströmen der Bodenluft kommen?

1. Durch das Sinken des Barometerstandes wird die Bodenluft ausgedehnt.

2. Heftige Winde, die auf die Erdoberfläche drücken, pressen die Bodenluft in die Häuser hinein.

3. Bei stärkeren Niederschlägen wird die Bodenluft ebenfalls ausgepreßt.

4. Bei Temperaturdifferenzen, besonders in der Heizperiode.

Welche Zusammensetzung der Bodenluft ergibt die chemische Analyse?

Stete Sättigung mit Wasserdampf; CO_2 (0,2—14% [2—3% durchschnittlich]), geringe Mengen von NH_3 und O. In tiefen Brunnenschächten CO_2, H_2S und Kohlenwasserstoffe.

Findet man Mikroorganismen in der Bodenluft?	Nein.
In welchen Fällen kann die an sich unschädliche Bodenluft für bewohnte Baulichkeiten hygienisch beanstandet werden?	Wenn Leuchtgas, übelriechende Beimengungen durch ungepflasterte Kellerräume in die Wohnungen dringen.

Verhalten des Wassers im Boden, die Mikroorganismen des Bodens.

Was versteht man unter Grundwasser?	Unter Grundwasser versteht man jede unterirdische auf einer undurchlässigen Schicht stehende Wasseransammlung, welche die Poren des Bodens völlig und dauernd ausfüllt.
Woher rührt das Grundwasser?	1. Von den Niederschlägen. 2. Von seitlichen Zuflüssen, die ihm von höher gelegenen Grundwasseransammlungen zuströmen. 3. Von Flüssen, deren Flußbett keine verschlammenden Bestandteile, sondern lockeren Sand aufweist.
Wie mißt man den Stand des Grundwassers?	In Schachtbrunnen mittelst Schwimmer oder Schalenapparat. (Pettenkofer.) Bei dem Schälchenapparat handelt es sich um einen Messingstab, der in Abständen von je 1 cm 31 kleine Schälchen trägt und an einem Bandmaß befestigt ist. Das oberste mit O bezeichnete Schälchen bildet den O-Punkt des Bandmaßes. Zur Messung des Abstandes des Grundwasserspiegels von der Bodenoberfläche läßt man den Apparat in den Brunnen herab, bis er eintaucht; notiert die Ziffer des Bandmaßes, die dem oberen Rand des Brunnenschachtes entspricht. Jetzt hebt man den Apparat nach oben, zählt die unbenetzten Schälchen außer dem obersten, addiert sie in cm zu der notierten Länge; es ist schließlich noch die Höhe des Brunnenrandes über der Bodenoberfläche abzuziehen. Die Messung mit Hilfe einer Schwimmervorrichtung empfiehlt sich für fort-

laufende Grundwasserstandsmessungen. Von dem Schwimmer läuft eine Kette über eine über dem Brunnen angebrachte Rolle; an der anderen Seite trägt sie ein Gegengewicht mit Zeiger, der sich je nach dem Steigen oder Sinken des Grundwasserspiegels auf- oder abbewegt. An einer Skala kann die tägliche Ablesung vorgenommen werden.

Wofür ist es wichtig, das Maximum, resp. Minimum des Grundwasserstandes zu kennen?

Das Maximum ist bestimmend für die Fundamentierung der Häuser, für die Anlage von Friedhöfen und für Abwässerreinigungen; das Minimum ist von Bedeutung für die Brunnenanlage.

Bewegt sich das Grundwasser?

Ja. In 24 Stunden bewegt es sich bis zu 40 m.

Welche Zonen unterscheidet man in den über dem Grundwasser gelegenen Bodenschichten?

1. Die Verdunstungszone.
2. Die Durchgangszone.
3. Die Zone des durch Kapillarität gehobenen Wassers.

Inwiefern ist ein bestimmter Abstand des Grundwasserspiegels von der Bodenoberfläche von Wichtigkeit?

Bei zu großem Abstand des Grundwassers von der Bodenoberfläche ist die Trink- und Nutzwasserbeschaffung erschwert. Durch zu hohen Grundwasserspiegel entsteht sumpfiges Terrain (Malaria). Auch sind die Fundamente der Häuser gefährdet (feuchte Keller).

Wie untersucht man den Boden auf Mikroorganismen?

Probeentnahme von der Oberfläche des Bodens mittelst Platinlöffels, aus der Tiefe durch Bohrer. Mit den entnommenen Proben werden Agar- resp. Gelatineplatten gegossen. Keimzählung.

In welcher Bodentiefe finden sich keine Bakterien mehr?

In 1—3 m Tiefe beginnt die bakterienfreie Zone. Im sog. jungfräulichen, unbebauten Boden und insbesondere in den oberflächlichsten Bodenschichten findet man in 1 ccm 100 000 Keime und mehr.

Worin liegt der Grund für die Keimfreiheit der tieferen Schichten?

Darin, daß poröser Boden sowohl für Luft, als auch für Flüssigkeiten ein bakteriendichtes Filter bildet.

Welche Bakterien findet man hauptsächlich im Boden?

1. Nitrifizierende,
2. Kohlensäurebildende,
3. Oxydation hervorrufende,
4. Tetanusbazillen, Bazillen des malignen Ödems.

Nur die oberflächlichsten Bodenschichten können zur Verbreitung von Infektionskrankheiten Anlaß geben. Wie läßt sich eine derartige Infektion vermeiden?

Eine Verhütung der Infektion vom Boden ist durch Pflasterung, Asphaltierung und Zementierung erreichbar. Öftere Reinigung der Bodenoberfläche ist notwendig; jede oberflächliche Ansammlung von Abfallstoffen ist zu vermeiden.

Wasser.

Beschaffenheit, hygienische Anforderungen und Untersuchungsmethoden.

Woraus kann der Wasserbedarf des Menschen gedeckt werden?

1. Aus dem Meteorwasser.
2. Aus dem Grundwasser.
3. Aus dem Quell-, Fluß- und Seewasser.

Was enthält das Meteorwasser?

Salpetrige Säure, organische Stoffe, Mikroorganismen. Es hat einen faden Geschmack. Meteorwasser ist nur im Notbehelf für den Wassergenuß zu verwenden.

Welche Wandlungen macht das Oberflächenwasser auf dem Wege zum Grundwasser durch?

Durch die Niederschläge werden von der Bodenoberfläche gelöste und suspendierte Stoffe mitgerissen, das Wasser wird zunächst schlechter. Dann findet beim Durchgange durch den Boden eine Veredelung des Wassers statt, d. h. die suspendierten und gelösten Stoffe werden abgefiltert und mineralisiert. Die Kohlensäure der Bodenluft dringt in das Wasser ein. Kalziumkarbonat, Magnesiumkarbonat, Kieselsäure usw. gehen in das Wasser über; auch wird die Temperatur des Wassers eine gleichmäßige.

Das Grundwasser ist im städtischen Boden starken Verunreinigungen ausgesetzt. Welche Verunreinigungen kommen hier in Frage?

Harn und Fäzes; pflanzliche und tierische Abfälle. In den Abfallstoffen finden sich Harnstoff, Hippursäure, Kalk- und Magnesiaverbindungen. Produkte der Eiweißfäulnis, der Zersetzung von Fetten und Kohlenhydraten und Mikroorganismen.

Auf welchem Wege gelangen diese Stoffe in das Wasser?

1. Von der Bodenoberfläche. Suspendierte Bestandteile und Mikroorganismen werden dabei abfiltriert. Harnstoff, Hippursäure, stickstoffhaltige Fäulnis-

produkte werden in Nitrate übergeführt. Phosphorsäure wird im Boden zurückgehalten. Chloride gehen vollständig und die Sulfate größtenteils ins Wasser über.

2. Von Gruben und Kanälen, Undichtigkeiten der Brunnendeckung. Hier keine Beeinflussung durch den Boden (keine Mineralisierung der organischen Stoffe, kein Abfiltrieren von Mikroorganismen). Hygienisch bedenklich.

Was ist Quellwasser?

Freiwillig zutage tretendes Grundwasser.

Im zerklüfteten Kalkgebirge ist das Quellwasser nichts anderes als ungereinigtes Oberflächenwasser. Quellwasser ist in chemischer Beziehung und auch in bezug auf Infektionsgefahr sehr verschieden.

Was sind artesische Brunnen?

Springende Wässer, die dadurch hochgetrieben werden, daß Wassermassen, die zwischen undurchlässigen Schichten eingeschlossen sind, die sich mit starkem Gefälle senken, angebohrt werden.

Ist Bach- oder Flußwasser für häusliche Zwecke verwendbar?

Nein. Es enthält Verunreinigungen (Fäzes), Industrieschlamm, Kanal- und Spüljauche; Abwässer der Textilindustrie, Leim, Blut, Seife, Farbstoffe, Abwässer der Schlachthäuser, Gerbereien und Gasfabriken.

Es ist bekannt, daß die Flüsse sich „selbstreinigen". Wie erklärt sich diese Selbstreinigung?

Die suspendierten Bestandteile reißen die Mikroorganismen mit zu Boden. Die Kohlensäure der Bikarbonate des Kalziums und Magnesiums entweicht; es entstehen unlösliche Erdverbindungen, die sich ebenfalls absetzen. Die organischen Stoffe werden durch Mikroorganismen, Algen und kleinste Tiere verzehrt. Viele Bakterien werden durch die ultravioletten Lichtstrahlen abgetötet, ein Teil wird von den Infusorien aufgenommen.

Wie steht es in dieser Beziehung mit dem Wasser aus Landseen und Talsperren?

Das Wasser der Landseen ist chemisch und bakteriologisch verhältnismäßig rein. Es kommen aber Schwankungen vor. Talsperren führen ein relativ reines Wasser von ziemlich gleichmäßiger Temperatur.

Welche hygienischen Anforderungen hat man an ein Wasser zu stellen?

Es soll wohlschmeckend und appetitlich, es soll nicht zu hart sein, es soll nicht zur Krankheitsursache werden können. Die Menge soll hinreichend sein.

Was ist für den Wohlgeschmack und die Appetitlichkeit eines Wassers erforderlich?

1. Es muß geruchlos sein (Petroleum, Karbol, Schwefel).

2. Es darf keinen Beigeschmack haben (faulig, modrig, nach gelöstem Eisen und Mangan).

3. Es soll erfrischend wirken (abhängig von der Temperatur 7—11°, vom CO_2 und O-Gehalt). Ein gewisser Kalkgehalt wirkt günstig.

4. Es soll farblos und klar sein. (Trübung meistens durch Eisengehalt, Ferrihydrat, aber auch durch Crenothrix, weiter durch Mangan.)

5. Grob sichtbare Verunreinigungen müssen fehlen.

Wodurch ist die Härte eines Wassers bedingt?

Durch den Gehalt an Kalk und Magnesiasalzen z. B. aus Gipslagern ($CaSO_4$ und $CaCO_3$-Lagern), oder aus Harn und Fäzes.

Die vorübergehende Härte bedingen Kalzium- und Magnesiumkarbonat. Nach dem Kochen des Wassers fallen die Bikarbonate von Kalzium und Magnesium als unlösliche Monokarbonate aus und setzen sich an den Wandungen und am Boden des Gefäßes ab (Kesselstein).

Die bleibende Härte, die auch nach dem Kochen des Wassers unverändert fortbesteht, bedingen Kalzium-Magnesiumsulfat, -nitrat usw. Die Bestimmung des Härtegrades eines Wassers siehe Seite 41.

Wie erkennt man, ob ein Wasser freie Kohlensäure enthält?

Zu 100 ccm Wasser 10 Tropfen Rosolsäurelösung zusetzen; das Kölbchen auf eine weiße Unterlage bringen und beobachten, ob die rote Farbe in eine gelbliche übergeht. Gelbfärbung zeigt freie CO_2 an. — Bei alkalischen Wässern:

50 ccm Wasser + 10 Tropfen alkoholische Phenolphtaleïnlösung. Sofortige Rotfärbung zeigt, daß freie CO_2 nicht vorhanden.

Wie weist man im Wasser halbgebundene und ganzgebundene CO_2 nach?

Halbgebundene CO_2 mit Kalkwasser = schwache bis starke Trübung = Monokarbonat von Kalzium (Magnesium). Die ganzgebundene CO_2 erkennt man folgendermaßen: Abdampfrückstand des Wassers + HCl = Entwicklung von CO_2 aus Monokarbonaten.

Wie berechnet man die Härte eines Wassers?

Nach deutschen Härtegraden. Ein deutscher Härtegrad entspricht 1 mg CaO in 100 ccm oder 10 mg CaO im Liter Wasser (auch der aequivalenten Menge anderer Kalzium-, Magnesium-, Baryum-Strontiumverbindungen).

Welche Nachteile bietet ein zu hartes Wasser?

Es ist zum Kochen von Hülsenfrüchten, Tee, Kaffee ungeeignet, weil sich unlösliche Verbindungen zwischen den Kalksalzen und Bestandteilen dieser Nahrungsmittel bilden. Hartes Wasser verbraucht ungewöhnlich viel Seife (Zerlegung der Seife durch Kalksalze), es setzt in Dampfkesseln viel Kesselstein ab und verursacht bei manchen Menschen gastrische Störungen.

Kann Wasser zur Krankheitsursache werden?

Ja. Mehrfach sind durch Wassergenuß Vergiftungen hervorgerufen worden, und zwar durch den Gehalt des Wassers an Arsen- und Bleiverbindungen. Weiter kommen Erkrankungen durch tierische und pflanzliche Parasiten in Betracht.

a) Tierische Parasiten:
- in der tropischen und subtropischen Zone, wie
  - Amöben (Dysenterie),
  - Schistosomum (Distoma) haematobium (Bilharziakrankheit),
  - Filaria Medinensis (Medinawurm in Hautgeschwüren).
- Im gemäßigten Klima:
  - Ascaris lumbricoides,

Oxyuris vermicularis, Cestoden (Taenia solium, saginata, Botriocephalus latus), Anchylostomum duodenale (perniziöse Anämie bei Tunnelarbeitern).

b) Pflanzliche Parasiten: Choleravibrionen, Typhusbazillen, Dysenteriebazillen, Spirochaeta icterohaemorrhagiae (Weilsche Krankheit).

Wieviel Liter Wasser sollen pro Tag und Kopf zur Verfügung stehen, wenn man von ausreichender Menge spricht?

150 Liter; auf Schiffen werden für den Genuß und die Speisenbereitung als Minimum etwa 4 Liter pro Kopf und Tag berechnet.

Worauf erstreckt sich die Untersuchung eines Wassers?

a) Auf eine Vorprüfung, die über Wohlgeschmack und Appetitlichkeit des Wassers entscheidet. Geruch, Geschmack und Temperatur, Farbe und Klarheit kommen hier in Frage.

b) Auf eine chemische Prüfung.

c) Auf eine mikroskopische Prüfung zum Nachweis von Krankheitserregern (Entozoen, Larven und Eier) oder Bestandteilen aus menschlichen oder tierischen Abgängen.

d) Auf eine bakteriologische Prüfung, die den Nachweis von Krankheitserregern (Choleravibrionen, Typhusbazillen u. Colibazillen) erbringen soll. Auch wird bakteriologisch die Keimzahlbestimmung ausgeführt. Sie ist eine gute Kontrolle für Filterbetriebe bei Flußwasserversorgungen.

Vermögen die organischen Stoffe, Ammoniak, salpetrige Säure, Salpetersäure, Chlor, Schwefelwasserstoff, Schwefelsäure und Phosphorsäure, Kalk und Magnesia, wenn sie in größeren Mengen im Trinkwasser vorkommen, Ge-

Nein; diese Beimengungen, die auf Verunreinigungen des Wassers hinweisen, machen sich durch Geschmack, Geruch und Färbung des Wassers schon bemerkbar, so daß das Wasser nicht getrunken wird.

sundheitsschädigungen auszulösen?

Wie untersucht man das Wasser auf seine Farbe?

Man stellt zwei 70 cm lange Glaszylinder mit flachem Boden auf eine weiße Unterlage. In den einen Zylinder gießt man das zu untersuchende Wasser, in den anderen ein farbloses Brunnenwasser oder destilliertes Wasser. Vergleich der beiden Wässer bei der Durchsicht von oben auf die weiße Unterlage.

Gehen wir auf die wichtigsten chemischen Wasseruntersuchungen ein. Welche anorganischen stickstoffhaltigen Substanzen kommen in Betracht?

1. Salpetrige Säure,
2. Salpetersäure,
3. Ammoniak.

Wie weist man salpetrige Säure nach?

a) Mit Jodzinkstärkekleister. Das Reagensglas wird zu 3/4 mit dem Wasser gefüllt; dann Zusatz von 3—5 Tropfen verdünnter Schwefelsäure, hierauf Zusatz von 0,5 ccm Jodzinkstärkekleister = Blaufärbung.

b) Nachweis mit Metaphenylendiamin. Das Reagensglas wird zu 3/4 mit Wasser gefüllt. Zusatz von 3—5 Tropfen verdünnter Schwefelsäure, hierauf Zusatz von 0,5 ccm Metaphenylendiamin. = Gelb-, Braun- oder Rotfärbung [Triamidoazobenzol, (Bismarckbraun)].

c) Nachweis mit Sulfanilsäure + α-Naphthylamin — ca. 10 ccm Wasser versetzen mit etwas Sulfanilsäure (0,5 g in 150 ccm verdünnter Essigsäure) + (nach einiger Zeit) etwas α-Naphthylamin. = Rotfärbung.

Wie wird der Nachweis von Salpetersäure oder Nitraten im Wasser erbracht?

a) Mit Brucin. 2 ccm Wasser versetzt man mit einigen Tropfen Brucinlösung; dann am Rande des Reagensglases vorsichtig konzentrierte H_2SO_4 herunterfließen lassen. An der Berührungsfläche beider Flüssigkeiten entsteht ein rosafarbener Ring.

b) Nachweis mit Diphenylamin. Etwa 2—3 ccm Diphenylaminschwefelsäurelösung werden tropfenweise mit dem zu untersuchenden Wasser versetzt und kräftig geschüttelt. = Blaufärbung.

Wie geschieht der Nachweis von Phosphorsäure?

Der Abdampfrückstand von dem zu untersuchenden Wasser wird mit Salpetersäure aufgenommen, filtriert und das erwärmte Filtrat mit molybdänsaurem Ammonium versetzt. Gelber Niederschlag = phosphormolybdänsaures Ammonium.

Wie weist man Ammoniak nach?

Mit Neßlers Reagens (alkalische Quecksilberkaliumjodidlösung). 10 ccm H_2O + 10 Tropfen Seignettesalzlösung + 5 Tropfen Neßlers Reagens. Von oben nach unten durch das auf weiße Unterlage gehaltene Reagensglas hindurchsehen. = Gelbfärbung (Ammoniumquecksilberjodid).

Wie weist man Chloride nach?

a) Qualitativ.

Ein Reagensglas wird zu $^3/_4$ mit Wasser gefüllt. Zusatz von 1 Tropfen chlorfreier HNO_3 + einige Tropfen Silbernitratlösung. = Trübung. Niederschlag (löslich in NH_3; unlöslich in HNO_3).

b) Quantitativ.

100 ccm Wasser werden im Becherglase mit 3—5 Tropfen neutraler, chlorfreier Kaliumchromatlösung (Indikator) versetzt. Aus der Bürette $n/_{10}$ Silbernitratlösung zufügen, bis die grüngelbe Farbe in Rotgelb umschlägt (Silberchromat) und nach Umrühren bestehen bleibt. Aus der Menge der zugefügten Silberlösung berechnen, wieviel Milligramm Chlor im Liter Wasser vorhanden sind.

Wie werden im Wasser Schwefelsäure oder Sulfate nachgewiesen?

Ein Reagensglas wird zu $^3/_4$ mit Wasser gefüllt; Zusatz von 1 Tropfen Salzsäure, wodurch die Schwefelsäure freigemacht wird, und $^1/_2$ ccm Chlorbariumlösung. Durchmischen. Weiße Trübung = Bariumsulfat.

Wir kommen nun zum Nachweis der organischen

Da es nicht möglich ist, die gesamten organischen Stoffe zu ermitteln, be-

Stoffe (Sauerstoffverbrauch). Was wissen Sie davon?

stimmt man nur einen kleinen Bruchteil derselben, und zwar den, der leicht oxydabel ist, der bei Behandlung mit Kaliumpermanganatlösung den Sauerstoff der letzteren adsorbiert und dieselbe dadurch entfärbt.

Der Eisennachweis erstreckt sich auf die Ferrosalze und Ferrisalze. Ich bitte um genauere Angaben.

1. Die Ferrosalze.
   a) Qualitativer Nachweis:
      α) Im Reagensglas: etwas Wasser + Stückchen Ferrizyankalium. = Blaufärbung.
      β) Im farblosen Glaszylinder mit plattem Boden: Wasser + 1 ccm 10%ige Natriumsulfidlösung. Auf weißer Unterlage von oben durchsehen. Braunfärbung bei Anwesenheit von Ferrosalzen.

      Handelt es sich um ein eisenhaltiges Wasser, ist das Eisen als Ferrobikarbonat im Wasser gelöst, erkennt man, daß die bei der Entnahme völlig klare Wasserprobe beim Stehen an der Luft nachtrübt. Es bildet sich aus dem gelösten Ferrobikarbonat unter Sauerstoffaufnahme und CO_2-Abgabe das im Wasser unlösliche Ferrihydroxyd.
   b) Quantitativ. Becherglas mit 50 ccm H_2O + 5 ccm verdünnte H_2SO_4, titrieren mit genau eingestellter $KMnO_4$-Lösung, bis bleibende Rosafärbung entsteht. Aus der verwendeten Menge $KMnO_4$ Eisengehalt berechnen.
2. Ferrisalze.
   a) Im Reagensglas etwas Wasser + 20% Ferrozyankalium + 1 Tropfen verdünnte HCl = Blaufärbung.

b) Im Reagensglas etwas Wasser + 10% Rhodankaliumlösung + verdünnte HCl-Lösung = Rotfärbung.

Wie weisen Sie Mangan nach?

a) 10 ccm Wasser + ca. 1 ccm verdünnte Salpetersäure + 1 ccm 10%iges Ammoniumpersulfat + einige Tropfen Silbernitrat; etwas erwärmen = Rotfärbung (Bildung eines löslichen Permangansalzes).

b) 25 ccm Wasser + 10 ccm verdünnte Salpetersäure im Erlenmeyerkolben einige Minuten kochen; Flamme wegnehmen, 2 Minuten warten. Dann 1 Messerspitze Bleisuperoxyd hinzufügen, nochmals kochen, Absetzen lassen = Rotfärbung (Bildung von Permangansäure).

c) 100 ccm filtr. Wasser, das mit Salzsäure versetzt ist + 2 ccm Weinsäurelösung + Ammoniak, bis das Wasser nach dem Umschütteln deutlich nach NH_3 riecht + 2 ccm Ferrocyankaliumlösung. Mischen. Mäßige Trübung oder Niederschlag innerhalb von 2 Stunden zeigen die Anwesenheit von Mangan an.

Wie wird der Nachweis von Blei geführt?

Wasser + Schwefelammonium (unter dem Abzug!) = Braunfärbung (Schwefelblei).

Wie prüft man das Bleilösungsvermögen eines Wassers?

Eine weithalsige 1 Liter fassende Stöpselflasche enthält ein blankgeputztes, längs gespaltenes Bleirohr. Das zu untersuchende Wasser wird eingefüllt. Die Flasche mit Inhalt 24 Stunden gut verschlossen stehen lassen. Nach öfterem Hin- und Herbewegen des Bleirohres im Wasser wird es herausgenommen.

300 ccm dieses Wassers werden in einen Glaszylinder eingefüllt und mit 3 ccm Essigsäure versetzt. Zusetzen unter

Umrühren 1,5 ccm Natriumsulfidlösung (10%). Der Zylinder wird auf eine weiße Unterlage gestellt und beobachtet, ob eine gelbbraune bis braune Färbung oder Ausscheidung braunschwarzer Flocken auftritt.

Wie prüft man Wasser auf den Gehalt an Schwefelwasserstoff?

1. Mit Bleipapier. $H_2S + Pb(C_2H_3O_2)_2 = PbS + 2\,C_2H_4O_2$ = Bräunung oder Schwärzung.

2. Mit Natronlauge und Nitroprussidnatriumlösung = Violettfärbung.

3. Durch den Geruch.

Wie bestimmt man den Härtegrad eines Wassers?

100 ccm Leitungswasser werden mit der Pipette in eine Glasstöpselflasche eingefüllt. Dann läßt man aus der Bürette Seifenlösung anfangs kubikzentimeterweise, später tropfenweise einfließen; nach jedem Zusatz kräftig schütteln. Solange mit dem Seifenzusatz fortfahren bis auf der ganzen Oberfläche der horizontal gelegten Flasche feinblasiger Schaum 5 Minuten stehen bleibt. Härtegrad ergibt sich nach Tabelle.

Die chemische Untersuchung ist ohne Belang für die Feststellung der Infektionsgefahr eines Wassers. Wofür gibt sie aber einen Anhalt?

Für die Beurteilung der Appetitlichkeit der Anlage. Sind reichlich organische Stoffe, viel Chloride und Nitrate vorhanden, so entstammt das Wasser einem mit Abfallstoffen übersättigten Boden.

Mittels der bakteriologischen Untersuchung gelingt es unter Umständen Infektionserreger direkt nachzuweisen. Wie geschieht die bakteriologische Untersuchung?

Im Kulturverfahren (Gelatineplattenkultur). Für den Nachweis von Typhusbazillen und Choleravibrionen sind besondere Methoden notwendig. — (Siehe bakteriologischer Teil.)

Eine Ergänzung der chemischen und bakteriologischen Untersuchung bietet die Lokalinspektion. Worauf hat die Lokalinspektion bei Bach- und Flußwässern zu achten?

Ob Dejekte von Menschen und Tieren, Abwässer usw. Zugang zum Wasser finden, ob in der Nähe Wäschereinigung stattfindet, ob Schiffe auf dem Flusse verkehren. Bei Quellwässern ist darauf zu achten, ob sie nicht aus oberflächlichen Rinnsalen entstehen, ob letztere nicht im Bereich gedüngter Wiesen liegen, ob Verbindung mit Bächen und Flüssen besteht.

Worauf hat die Lokalinspektion bei Grundwasserbrunnen sich zu erstrecken?

Auf die Musterung der oberflächlichen Umgebung, auf die Neigung des Terrains, auf den Brunnenkranz, auf Defekte in der Mauerung usw.

Wie prüft man das Bestehen von Kommunikationen mit dem Innern des Brunnens?

Durch Eingießen von Fluoreszeïn- (Uraninkali) oder Saprollösungen, auch durch Aufschwemmungen von Hefe, B. prodigiosus bzw. Wasservibrionen.

Die Wasserversorgung.

Welche Wässer kommen für die Wasserversorgung in Betracht?

1. Das Grundwasser, und zwar
   a) das oberflächlich zutage tretende Grundwasser (Quellwasser),
   b) das Grundwasser aus der Tiefe.
2. Fluß- oder Seewasser,
3. Regenwasser.

Wie hebt man das Grundwasser?

Durch Kesselbrunnen (Schachtbrunnen) und durch Abessynierbrunnen (Röhrenbrunnen).

Woraus bestehen die Röhrenbrunnen?

Aus einer eisernen Röhre mit reichlichen Löchern, welche durch Drahtnetze gegen Verstopfung geschützt sind.

Welchen Vorzug haben die Röhrenbrunnen vor den Kesselbrunnen?

Sie sind leicht zu desinfizieren und geben ungefährliches Wasser.

Welchen Nachteil aber haben die Röhrenbrunnen?

Da kein Wasserreservoir vorhanden ist, lassen sie bei größeren Wasserentnahmen vollkommen im Stich.

Auf welche Weise läßt sich eisenhaltiges Grundwasser eisenfrei zutage fördern?

Dadurch, daß man den Brunnenschacht mit einem Mantel von Ätzkalkstücken füllt oder eine Filtration des Wassers durch ein Grobsandfilter einrichtet mit ev. Lüftung des Wassers durch Niederfall aus einer Brause.

Die ganze Menge des Eisenbikarbonats wird in Eisenoxydhydrat verwandelt.

Bei der zentralen Wasserversorgung hat man den Vorteil, daß der verunreinigte städtische Untergrund umgangen und somit ein appetitliches Wasser be-

Die Reinigung durch zentrale Filtration mittels Sandfilter.

schafft werden kann. Die Entnahme der Wässer erfolgt auch hier aus Quellen, Grundwasser, Bach- und Flußwasser. Bei der Benutzung von Flußwasser ist größte Skepsis am Platze. Das Wasser muß vor dem Gebrauch einer Reinigung unterzogen werden. Welche kommt in Betracht?

Wie ist ein derartiges Filter zusammengesetzt?

In der Tiefe	Feldsteine	305 mm
Darüber	kleine Feldsteine	102 „
„	mittlerer Kies	76 „
„	grober Kies	127 „
„	feiner Kies	152 „
„	grober Sand	51 „
„	scharfer Sand	559 „

Der wesentlichste Teil des Filters ist die sogenannte Filterhaut. Woraus besteht sie?

Aus den Sinkstoffen, Algen und Bakterien.

Wodurch werden Störungen im Filterbetrieb hervorgerufen?

Durch das Reißen der Filterhaut; bei starker Verunreinigung des Flußwassers mit lehmigen Bestandteilen (undurchlässige Schicht); in der ersten Zeit nach der Reinigung des Filters.

Arbeiten die genannten Filter völlig keimdicht?

Nein; es gehen auch im besten Falle noch einige Keime durch.

Kennen Sie noch sonstige Verfahren der Trinkwasserreinigung im großen?

Die sog. Filtersteine, das amerikanische Schnellfilter (Jewell), das Permanganatverfahren, das Ozonverfahren, das ultraviolette Licht.

Beschreiben Sie mir das amerikanische Schnellfilter?

Das zu reinigende Wasser wird in Sedimentierbottichen mit 10—30 g Aluminiumsulfat (Alaun) pro cbm versetzt. Es kommt zu einer Umsetzung mit dem Kalziumkarbonat des Wassers; es entsteht Tonerde, Aluminiumhydrat als flockiger Niederschlag, der die Trübungen zum Teil mit zu Boden reißt. Nach 1—2 Stunden wird das Wasser auf ein Sandfilter geleitet; hier bildet die Tonerde die künstliche Filterhaut. Schon nach wenigen Stunden filtert dieses Filter bei 50 mal so schneller Filtration als in den großen Sandfiltern alle Bakterien ab. Nach 24 Stunden wird das Filter durch ein Rührwerk und Gegenspülung (maschinell) in etwa 30 Minuten wieder gebrauchsfähig gemacht.

Zusammenfassung der Merkmale

beim Sandfilter:	beim amerikanischen Filter:
Filterhaut natürlich;	Filterhaut künstlich;
Keimreduktion 10 bis 50%;	Keimreduktion 97 bis 99%;
Filtrationsgeschwindigkeit 100 mm bei einem Druck von 60—70 mm;	Druckdifferenz $2^1/_2$ bis 3 mm; 40 bis 50fache Filtrationsgeschwindigkeit;
Seltener Wechsel des Filters notwendig. (Umständlich);	häufiger Wechsel (Reinigung) des Filters (sehr einfach);
Gebrauchsfähig nach der Reinigung erst nach 48—72 Stunden.	nach der Reinigung in 30 Minuten wieder gebrauchsfähig.

Beschreiben Sie mir kurz eine Ozonanlage?

Das filtrierte klare Wasser wird in sehr feiner Verteilung in den Skrubberturm geführt, wo es in innige Berührung mit dem von unten in den Sterilisationsturm eingeleiteten aufsteigenden Ozon gebracht wird. Das elektrisch hergestellte Ozon wirkt auf das Wasser in solcher Konzentration ein, daß die Bakterien der Koligruppe noch sicher zugrunde gehen.

Weiter kommt für die Vernichtung der Keime im Wasser das ultraviolette Licht in Frage. Wie sind diese Sterilisationsapparate eingerichtet?

Quecksilberdampflampen mit doppeltem Quarzmantel sind in besonderen Metallgefäßen eingehängt, die langsam vom Wasser durchströmt werden. Das benutzte Wasser darf keine Trübungen, keine gelbbräunliche Färbung aufweisen.

In der Praxis hat sich dieses Verfahren bewährt; es ist einstweilen noch zu teuer.

Wie geschieht die Zuleitung des Wassers zu den Wohnungen?

Von hochgelegenen Reservoiren wird das Wasser mit dem natürlichen Gefälle in die höher gelegenen Stockwerke getrieben. Bei zu geringem Gefälle ist der Druck durch maschinelle Vorrichtungen (Pumpstationen und Hochreservoire) zu verstärken. Die Leitungsrohre aus Eisen sollen möglichst tief gelegt werden. Der Anschluß der Straßenleitungen an die Hausleitungen erfolgt durch Bleirohre.

Wann können die Bleirohre die Gefahr der Bleivergiftung mit sich bringen?

Bei einem reinen und salzarmen Wasser und wenn die Leitungsrohre zeitweise mit Luft und Wasser gefüllt sind. Es bildet sich dann Bleihydrat.

Wie kann man sich vor Bleivergiftungen schützen?

Durch Verwendung von Bleirohren, die im Innern verzinnt sind, oder von galvanisiertem Eisenrohr.

Wie erfolgt am einfachsten die Entfernung der Infektionserreger aus einem Wasser?

1. Durch 5 Minuten langes Kochen. Bei größerem Wasserverbrauch ist der Wasserkochapparat von Siemens & Co., Berlin, zu empfehlen.

2. Mit Chemikalien, z. B. Chlorkalk (1 : 300 000 bei 6 Stunden langer Einwirkung) oder mit $KMnO_4$. 4 Liter Wasser + 3 g $CuSO_4$ (Katalysator) + 3 g $KMnO_4$ (Desinfiziens). Nach 10 Minuten 4 Tabletten à 1 g festes 36%-iges H_2O_2. Filtration durch Sucrofilter. (Kunow.)

3. Filtration im Hause. Sicher bakterienfreies Filtrat liefern die Pasteur-Chamberlandschen Tonfilter und die Berkefeldschen Kieselgurfilter.

Wie desinfiziert man Schachtbrunnen?

Durch Einleiten von heißem Wasserdampf mittels einer Lokomobile in das Wasser des Schachts, bis es eine Temperatur von 80 bis 90° erreicht hat oder mit Schwefelsäure 1 : 1000, Ätzkalk.

Wie desinfiziert man Reservoire und Leitungsrohre größerer Wasserleitungen?

Mit Schwefelsäure 1 : 1000 (2stündige Einwirkung).

Enthalten Eis und künstliches Selterswasser Bakterien?

Ja. Sie sind sehr reich an Bakterien. Choleravibrionen und Milzbrandbazillen sterben in künstlichem

Selterswasser rasch ab, Typhusbazillen, Micrococcus tetragenus usw. aber bleiben Tage bis Wochen lebensfähig. Daher empfiehlt es sich, Selterswasser nur aus destilliertem Wasser oder aus völlig unverdächtigem Brunnenwasser zu bereiten.

Ernährung und Nahrungsmittel.

Nennen Sie mir die Bestandteile der Nahrungsmittel?

Eiweißstoffe, Fette, Kohlehydrate, Wasser, Salze (ferner Lipoide, Purine, Vitamine) und gewisse Genußmittel.

Was ist der Zweck der Ernährung?

Die Erhaltung des substantiellen Bestandes der gesamten Organe.

Wie groß ist die Verbrennungswärme für
1 g Eiweiß?
1 g Kohlehydrate?
1 g Fett?

Für 1 g Eiweiß ...... 4,1 Kalorien
„ 1 „ Kohlehydrate 4,1 „
„ 1 „ Fett .... 9,3 „
bei Verbrennung im Organismus.

Eiweißstoffe.

Welcher Nährstoff nimmt die erste Stelle ein?

Das Eiweiß, teils tierischen, teils pflanzlichen Ursprungs.

Ist die Konstitution des Eiweißmoleküls bekannt?

Nein. Es handelt sich um ein sehr kompliziertes Molekül, das sehr zahlreiche verschiedene Gruppen, insbesondere Aminosäuren enthält. Bei der Resorption durch den Darm werden die Aminosäuren zerlegt, aus denen der Körper synthetisch das arteigene Eiweiß aufbaut.

Der Eiweißbestand des Körpers muß unbedingt erhalten werden. Was erfolgt bei Eiweißmangel?

Zerfall von Körperzellen, die Neubildung des Blutes, ebenso die Regeneration der Muskeln leidet. Die Verdauungsfermente werden spärlicher gebildet. Schwächegefühl, Arbeitsunlust, gereizte Stimmung sind die Folgen.

Wann befindet sich der Körper im Stickstoffgleichgewicht?

Wenn kein Eiweißverlust und kein Ansatz stattfindet, wenn pro Tag gerade ein der Zufuhr entsprechendes Quantum Eiweiß zerstört wird.

Nimmt die Stickstoffausscheidung rasch ab, wenn

Am 1. Hungertage wird noch eine den vorausgegangenen Nahrungstagen der Ersatz für das zerstörte Eiweiß ungenügend ist?

gleichkommende N-Menge ausgeschieden; von da ab wird die N-Ausscheidung geringer.

Genügt eine erhöhte Eiweißzufuhr, um einem eiweißverarmten Körper einen besseren Eiweißbestand zu verschaffen?

Nein. Der Eiweißzerfall wird erst eingeschränkt bei richtiger Kombination von Eiweiß, Fett und Kohlehydraten.

Das im Körper zerstörte Eiweiß läßt sich nur auf welchem Wege ersetzen?

Durch Zufuhr von Eiweiß in der Nahrung.

Welche anderen N-haltigen Stoffe kommen außer den echten Eiweißkörpern noch in der Nahrung vor?

Leim, Glutin, Chondrin, Pepton, Nukleïn, Lezithin, Kreatin, Asparagin und andere Amidoverbindungen.

Wie werden die mit der Nahrung aufgenommenen Eiweißkörper im Darm weiter zerlegt?

Sie werden durch das Trypsin zu Peptonen und Albumosen und bis zu den Aminosäuren abgebaut. Durch ein weiteres Ferment, das Erepsin, werden die Peptone und Albumosen, aber nicht eigentliches Eiweiß, bis zu den Aminosäuren weiter gespalten.

Fette.

Welche Fettarten unterscheidet man ihrer Herkunft nach?

Die tierischen und pflanzlichen Fette.

Woraus bestehen die tierischen Fette?

Fette sind Verbindungen von Glyzerin und Fettsäuren, teils höherer Ordnung, wie Tripalmitin, Tristearin, Triolein, teils niederer Ordnung, wie in reichlicher Menge in der Kuhbutter.

Wie setzen sich die pflanzlichen Fette zusammen?

Sie unterscheiden sich in ihrer Zusammensetzung nur wenig von den tierischen Fetten und bestehen zum Teil aus Neutralfetten, zum Teil aus Mischungen solcher mit freien Fettsäuren (Erukasäure).

Wird Fett im Körper leicht zerlegt?

Nein, für gewöhnlich nur in einer Menge von 50—100 g. Bei größerer Fettaufnahme wird der Rest in den Depots abgelagert.

Wann wird viel Fett zerstört?

Bei Muskelarbeit.

Worin bestehen die Lei-

1. In der Erzeugung von Wärme.

stungen des Fettes bei seiner Zerlegung?	2. In der Eiweißsparung.
Wie wird das im Körper zerstörte Fett ersetzt?	Durch Nahrungsfett (tierisches und pflanzliches). Die resorbierbaren Fette müssen alle einen Schmelzpunkt unter 40° haben, widrigenfalls sie unausgenützt ausgeschieden werden (Stearin).
Wieviel Wasser enthält das Fettgewebe?	6—10% Wasser (1—2% Membranen).
Kann man einen Körper dauernd mit Eiweiß und Fett allein ernähren?	Nein; er bedarf noch der Zufuhr von Kohlehydraten, die zu den Endprodukten, Kohlensäure und Wasser, verbrannt werden.

Kohlehydrate.

Welche Kohlehydrate kennen Sie?	1. Monosaccharide, $C_6H_{12}O_6$ (Dextrose, Lävulose, Galaktose, Sorbinose, Mannose). 2. Disaccharide, $C_{12}H_{22}O_{11}$ [Rohrzucker (Saccharose), Milchzucker (Laktose), Malzzucker (Maltose)]. 3. Polysaccharide, $(C_6H_{10}O_5) \cdot x$, Stärke, Dextrin, Glykogen, Zellulosearten, Inulin, Gummiarten.
Was liefern die Kohlehydrate dem Körper?	1. Wärme. 2. Sie wirken eiweißsparend. 3. Sie wirken fettsparend. 4. Sie können selbst eine Umwandlung in Körperfett erfahren.
Wie geschieht die Deckung des Kohlehydratbedarfs im Körper?	Durch Zufuhr von Kohlehydraten der Nahrung, Rohrzucker, Milchzucker und besonders Stärke, die im Darm in resorbierbaren Zucker übergeht.

Wasser.

Ist das Wasser für den Organismus von Bedeutung?	Ja; es ist als Lösungsmittel von Bedeutung und dient zum Transport der löslichen Substanzen; auch beteiligt es sich an der Wärmeregulierung des Körpers.
Was bewirkt eine vorübergehende Erhöhung der Wasserzufuhr?	Vermehrte Stickstoffausscheidung durch Ausspülung angesammelter Exkrete.
Was bewirkt eine anhaltende abnorm starke Wasserzufuhr?	Eine starke Verdünnung der Verdauungssäfte, eine Überbürdung des Pfortaderkreislaufs, Änderung des Blutdrucks usw.

Salze.

Welche Salze nimmt der Körper auf?	Verbindungen des Eisens, Kalziums, Magnesiums, Kaliums und Natriums mit Phosphorsäure, Kohlensäure, Schwefel und Chlor.
Wozu werden die Salze verwertet?	Zur Bildung der Organzellen und der Körpersäfte.
Was geschieht, wenn die ausgeschiedenen Salze des Körpers nicht ausreichend ersetzt werden?	Der Körper gibt zunächst eine Zeitlang aus seinem Bestande her; bei andauernd salzarmer Kost (künstlich salzfrei gemacht) treten eigentümliche nervöse Erscheinungen und schließlich der Tod ein.
Wer liefert dem Körper die nötigen Salze?	Die grünen Gemüse. Der für das Kind notwendige phosphorsaure Kalk wird in der Milch in ausreichender Menge genossen.
Worauf führt man den Skorbut zurück?	Auf den Mangel an Kalisalzen infolge ausschließlich animalischer Kost.

Vitamine.

Was sind Vitamine?	Stoffe von im übrigen unbekannter Konstitution, die in geringer Menge in frischen pflanzlichen Nahrungsmitteln, hauptsächlich in den Samen, und zwar in der äußeren Schicht derselben, relativ reichlich auch in der Hefe vorkommen, dagegen nicht in länger erhitzten und ausgetrockneten Nahrungsmitteln.
Welche Krankheiten führt man auf das Fehlen der Vitamine zurück?	Skorbut, Pellagra, Rachitis, Mehlnährschäden der Säuglinge. Beri-Beri.

Nährstoffmengen.

Welche Wege dienen zur Ermittelung der erforderlichen Nährstoffmengen?	1. Untersuchungen im Respirationsapparat und Stickstoffbestimmungen in der 24stündigen Harnmenge. 2. Stickstoffbestimmungen in der Nahrungsmenge, die genossen wird. 3. Gut geführte Haushaltungsbücher können die gewünschten Bedarfszahlen berechnen lassen.
Wie groß ist der 24stündige Nährstoffbedarf erwachsener Männer?	= 3000 Kalorien. 105 g resorbierbares Eiweiß, 56 g Fett, 500 g Kohlehydrate.

Sind diese genannten Zahlen genau oder schwanken sie?

Sie schwanken
1. nach der Körpergröße,
2. nach der Arbeitsleistung,
3. nach dem Lebensalter; im Kindesalter erhöhter Stoffumsatz,
4. nach der individuellen Energie und Reizbarkeit,
5. nach dem Geschlecht,
6. Witterung und Klima beeinflussen sie.
7. Bei Frauen sehr erhöhter Verbrauch während der Gravidität und Laktation.

Wie erreicht man eine Einschränkung des Eiweißzerfalls und Schonung der Fettdepots bei fieberhaften Krankheiten und in der Rekonvaleszenz?

Durch Darreichung von Kohlehydraten. Sie ersetzen auch die im Fieber vermehrt ausgeschiedenen Kalisalze.

Wodurch kommt es zu übermäßigem Fettansatz?

Durch genügende Eiweiß- und reichliche Fett- und Kohlehydratzufuhr neben möglichster Körperruhe.

Bei Pflanzenfressern gelingt die Mästung lediglich mit Eiweiß und Kohlehydraten bei leicht gesteigerter Eiweißmenge.

Die schnellste Wirkung zeigt beim Menschen eine Kombination von Fett und reichlichen Kohlehydraten (Ruhe und ruhiges Temperament notwendig). (120 g Eiweiß, 100 g Fett, 500 g Kohlehydrate).

Wodurch kann eine Entfettung des Körpers erzielt werden?

1. Durch erhöhte Körperbewegung.
2. Durch fast völliges Fortlassen des Fettes und der Kohlehydrate und bei fast ausschließlicher Ernährung mit Eiweiß (Bantingkur).
3. Mit der Ebsteinmethode, die darin besteht, daß man sehr wenig Kohlehydrate, reichlich Fett und mäßig Eiweiß aufnimmt.
4. Mit der Voit-Oertel'schen Kur. Reichlich Eiweiß, normale Fett- und zu niedrige Kohlehydratzufuhr bei starker Körperbewegung. Die Wasseraufnahme ist zwischen die Mahlzeiten verlegt.

Wie muß die Nahrung beschaffen sein?

Gut ausnutzbar, leicht verdaulich, gut zubereitet, schmackhaft ohne Zusatz schädlicher Bestandteile. Sie muß in solcher Menge vorhanden sein, daß sie das Gefühl der Sättigung hervorruft und muß temperiert genossen werden.

Werden animalische Stoffe besser ausgenutzt als vegetabilische?

Ja.

Was verstehen Sie unter einem leicht verdaulichen Nahrungsmittel?

Ein solches, das auch in größeren Mengen genossen, rasch resorbiert wird und selbst bei empfindlichen Menschen keine Belästigung in den Verdauungswegen hervorruft.

Wie konserviert man Nahrungsmittel?

Durch Aufbewahren in Vorratsräumen, in Eisschränken (+ 7°). Durch Kochen, Trocknen, Räuchern, durch Zusatz von Zucker, Salz, Salizylsäure usw.

Welche Vorsichtsmaßregeln soll man bei den verschiedenen Kochgeschirren anwenden?

In Kupfer- und Messinggefäßen dürfen saure Speisen nicht gekocht werden (Grünspan). Auch sollen mehl- und zuckerhaltige Speisen nicht darin aufbewahrt werden, weil durch allmähliche Bildung von organischer Säure Kupfer gelöst werden könnte. Vernickelte Gefäße geben geringe Spuren von Nickel ab, wenn saure Speisen darin aufbewahrt werden. Ähnlich verhalten sich Aluminiumgeschirre.

Verzinnte Kochgefäße, ferner glasierte, bzw. emaillierte, irdene oder eiserne Gefäße enthalten oft Blei.

Wie prüft man Kochgeschirre auf bleiabgebende Glasur oder Emaille?

Das Kochgeschirr wird mit 4%iger Essigsäure gefüllt; $^1/_2$ Stunde unter Ersatz des verdampften Wassers kochen, filtrieren und einleiten von H_2S. Braunfärbung oder schwarzer Niederschlag zeigt Blei an.

Wie groß soll im Mittel das Quantum der zur Sättigung eines Erwachsenen notwendigen fertigen Speise sein?

1800 g, bei vegetabilischer Nahrung und bei fettarmer Kost aber entsprechend höher = 2500—3000 g.

Wie soll die Nahrung temperiert sein?

Für Säuglinge + 35° bis + 40°, für Erwachsene + 7° bis + 55°. Habitueller Eisgenuß ist bedenklich.

Wie wird die Tageskost zweckmäßigerweise auf die Mahlzeiten verteilt?

Beim Gesunden variiert die Einteilung nach der Beschäftigung und nach der Art der Kost.

Bei körperlicher Arbeit und vegetabilischer Kost sind 5 Mahlzeiten zweckmäßig. Bei geistiger Arbeit und eiweiß- und fettreicher Kost morgens eine reichliche Fleischmahlzeit, im Laufe des Tages nur einmal leichte Speisen und abends die Hauptmahlzeit.

Wie wird das Volk gegen die Verfälschung der Nahrungsmittel geschützt?

Durch gesetzliche Bestimmungen (14. Mai 1879), die Polizeibeamten gestattet, von feilgehaltenen Nahrungsmitteln Proben zum Zwecke der Untersuchung zu entnehmen. In bestimmten Untersuchungsanstalten werden dieselben einer genaueren Prüfung unterzogen.

Milch.

Was ist Kuhmilch?

Eine Emulsion von Fett in einer Lösung von Eiweiß und Zucker. Reaktion amphoter.

Wie ist sie chemisch zusammengesetzt?

Wassergehalt 87,75—89,5%,
Spez. Gew. 1028—1033,
Eiweißgehalt 3,5%, darunter
Kaseïn 2,9%,
Laktalbumin 0,5%,
Laktoglobulin in Spuren,
Fett 2,7—4,3%,
Milchzucker 3,5—5,5%,
Salze 0,6—1,0%,

Welche Fütterungsart liefert die gleichmäßigste Milch?

Die Trockenfütterung.

Ist die Ausnutzung der Nährstoffe der Milch eine gute?

Ja. Das Eiweiß wird zu 90%, Fett zu 95%, Salze zu 50% und der Zucker vollständig resorbiert.

Warum ist die Milch zur ausschließlichen Ernährung Erwachsener nicht geeignet?

Es finden sich nicht genügend Kalorien in der schwer resorbierbaren Menge von 4 Liter Milch.

Worin bestehen die Nachteile der Milch?

Ihre Verwendbarkeit wird leicht beeinträchtigt:

1. Unter dem Einfluß von Mikroorganismen kommt es zu Zersetzungen der Milch.

2. Sie ist leicht zu fälschen.

3. Sie ist zur Verbreitung von pathogenen und infektiösen Bakterien und evtl. von Giftstoffen besonders disponiert.

Worin bestehen die Veränderungen, die eine frisch gemolkene Milch allmählich durchmacht?

Schon nach kurzem Stehen bildet

1. sich eine Rahmschicht (Aufrahmen). Trennung in Rahm und abgerahmte Milch oder Magermilch.

2. Nach längerem Stehen bildet sich ein oberflächlicher pilziger, weißlicher Überzug aus Oidium lactis. In der Flüssigkeit, die unter dem Rahm steht, entwickeln sich reichlich Milchsäurebakterien (Streptococcus lacticus, Bac. acidi lactici).

Bei welchem Prozentgehalt von Milchsäure kommt es zur Gerinnung des Kaseïns und zur Abscheidung der Molke?

Bei etwa 0,2%.

Was enthält das Serum (Molke)?

Milchzucker und Salze.

Müssen immer Bakterien die Milchgerinnung herbeiführen?

Nein; auch ein labähnliches Ferment kann Milch gerinnen machen.

Was entwickelt sich in der Milch, die man 8—10 Tage stehen läßt?

1. Gestank nach Buttersäure.

2. Gasbildung (Wasserstoff und Kohlensäure, Ausfällung des Kaseïns durch Lab).

Hält man eine von Milchsäurebakterien befreite Milch in offenen Gefäßen bei 30 oder 40° oder kocht man die Milch vorher mindestens eine Stunde lang, so tritt wieder eine andere Zerlegung der Milch auf. Welche ist es?

Die Peptonisierung der Milch. Unter der Rahmschicht bildet sich eine transparente Zone, die Peptonreaktion gibt. Sonst verändert sich die Milch äußerlich nur wenig, das Kaseïn gerinnt nicht. Sie schmeckt bitter und kratzig. Die Zersetzung wird durch Heubazillen bewirkt, die bei Säuglingen oft toxische Wirkungen und Cholera infantum auslösen.

Wie kommen die Bakterien in die Milch?

1. Aus den Ausführungsgängen der Euter,

2. aus den Kuhexkrementen,

3. aus den Sammeleimern,

4. von den Händen des Melkers,

5. von Fliegen,

6. vom Heustaub.

Welche Fermente enthält frische Milch?

1. Ein pepsin- und trypsinartiges Ferment, das Eiweiß zu spalten vermag.
2. Ein diastatisches Ferment, das Stärke in Zucker und Milchzucker in Glykose überführt.
3. Superoxydase (Katalase) zerlegt Wasserstoffsuperoxyd. ($2H_2O_2 = 2H_2O + O_2$).
4. Indirekte Oxydasen, Peroxydasen.
5. Die Reduktasen.

Worin besteht gewöhnlich die Milchverfälschung?

Im Entrahmen und Zusatz von Wasser; selten durch Zusatz von Stärke, Dextrin, Gehirnsubstanz, Gips; ferner muß man achten auf eine Zufügung von Konservierungsmitteln, Soda, Borax, Natr. bicarb., Salizylsäure (0,75 p. m.), Formalin (0,2 p. m.) und Wasserstoffsuperoxyd (2,0 p. m.).

Welche pflanzlichen Gifte können in die Milch übergehen?

Colchicin, Gifte von Hahnenfuß, Dotterblumen, Solanin.

Wie stellt man Milchfälschungen fest?

Durch Bestimmung des spez. Gewichtes und des Fettgehaltes, durch Nachweis von Nitraten, die auf einen Zusatz von Brunnenwasser deuten, durch den Nachweis von Konservierungsmitteln.

Wie bestimmt man das spezifische Gewicht der Milch?

Mit dem Aräometer (Soxhlet). Eiweiß, Zucker und Salze machen die Milch schwerer, das Fett dagegen leichter.

Gut durchgemischte Milch ohne Schaumbildung in Zylinder einfüllen; einführen des gereinigten und getrockneten Aräometers (Milchwage, Laktodensimeter). Der Stand des Milchspiegels (nicht Meniskus) ablesen, 2 in der 4. Dezimale für jeden Grad C über $+ 15°$ zuzählen, unter $+ 15°$ abziehen. Spez. Gew. normaler Milch 1,028—1,033.

Wodurch kann ein hohes spezifisches Gewicht bedingt sein?

Durch feste Bestandteile, Wasserarmut und durch Fettmangel.

Wodurch kann ein niedriges spezifisches Gewicht bedingt sein?

Durch Fettreichtum und Wasserzusatz.

Wie wird die Fettbestimmung ausgeführt?

Mit dem Cremometer, Gerber's Butyrometer, dem Feser'schen Laktoskop und mit Hilfe des Soxhlet'schen Verfahrens.

1. Mit dem Cremometer. Nach dem 24stündigen Stehenlassen der Milch bei mittlerer Temperatur Aufheben derselben 36—48 Stunden bei niederer Temperatur. Ablesen der Höhe der Rahmschicht an der Skalenteilung. Gute Milch liefert 10—14% Rahm; 3,2 Skalenteile entsprechen ungefähr 1% Fett. Ungenaue Methode.

2. Mit Gerber's Butyrometer. In das Butyrometer nacheinander einfüllen: 10 ccm konz. H_2SO_4 vom spez. Gewicht 1,825. Dann 11 ccm Milch, 1 ccm Amylalkohol. Hals des Butyrometers trocknen, Kautschukstopfen fest eindrehen; Schütteln, bis alles braun ist. In Spezialzentrifuge zentrifugieren. Fettsäule ablesen, nachdem mit dem Stopfen die untere Grenze des Fettes auf einen Teilstrich eingestellt ist. Abgelesene Höhe der Fettsäule = % Fett. Jeder Teilstrich entspricht 0,1% Fett. Ablesen bei 60—70° (Butyrometer in ein Wasserbad von 60—70° bringen).

3. Mit dem Feser'schen Laktoskop. Diese Methode ist eine optische; sie ist unzuverlässig; es kommt viel auf die Beleuchtung und das Auge des Beschauers an, auch ist die Durchsichtigkeit von der Zahl und Größe der Milchkügelchen abhängig. Je fettreicher die Milch, um so undurchsichtiger wird sie.

In das Laktoskop 4 ccm Milch einfüllen, langsam Wasser zusetzen bis schwarze Striche auf einem am Boden des Gefäßes befindlichen Milchglaszapfen eben sichtbar werden. An einer Skalenteilung kann man direkt die Fettprozente ablesen.

4. Mit dem Soxhlet'schen Verfahren. Hier sucht man das spez. Gew. des Ätherextraktes der Milch zu bestimmen.

200 ccm Milch + 10 ccm Kalilauge + 60 ccm Äther. Kräftig schütteln. Nach 15 Minuten wird die oben angesammelte Ätherfettlösung in ein Glasrohr gebracht, das außen von einem Kühlrohr umgeben ist. Konstante Temperatur im Innern 17,5°. Bestimmung des spez. Gew. der Ätherfettlösung mittels Aräometer. Mit Hilfe einer Tabelle findet man den Fettgehalt.

Wie weisen Sie Nitrate in der Milch nach?

Die Milch wird durch Zusatz von Essigsäure oder Chlorkalziumlösung (auf 100 ccm Milch 1,5 ccm einer 20%igen Lösung) und darauffolgendes Kochen koaguliert. Dem Filtrat setzt man tropfenweise Diphenylamin in konzentrierter H_2SO_4 zu. Blaufärbung.

Wie untersucht man die Milch auf Konservierungsmittel?

Bei Anwesenheit von Soda, Natr. bicarb. oder Borax zeigt die Milch nach 1—2stündigem Kochen Braunfärbung.

Alkalische Beimengungen lassen sich auch nachweisen durch Zusatz von Alkohol und Rosolsäure = Rosafärbung.

Mengenverhältnis: 10 ccm Milch + 10 ccm Alkohol, mischen, dazu 3 Tropfen 1%ige Rosolsäure.

Bei Salizylsäuregehalt gibt Milch + Eisenchlorid = Violettfärbung. Bei Wasserstoffsuperoxydgehalt entsteht eine Bläuung von Jodkaliumstärkepapier.

Wie weist man Formalin in der Milch nach?

1. Schwefelsäurereaktion: Milch + Wasser āā im Reagenzglas unterschichtet mit konz. chemisch reiner H_2SO_4 = blauer Ring.

2. Fuchsinprobe: Von 100 ccm Milch 20 ccm abdestillieren; zu 10 ccm Zusatz von 1 ccm Fuchsinlösung, die durch SO_2 entfärbt ist = Rotfärbung.

Wie wird der Borsäurenachweis geführt?

100 ccm Milch werden in der Platinschale mit Kalkmilch alkalisiert, eingedampft und verascht. Die Asche löst man in wenig Salzsäure. 1 Tropfen der Lösung auf Kurkumapapier gibt rote, beim Aufbringen von 1 Tropfen Soda-

lösung in Blau übergehende Färbung, falls Borsäure zugesetzt war.

Wie weist man Wasserstoffsuperoxyd in der Milch nach?

a) Mit der Titansäurereaktion: 10 ccm Milch + 10—15 Tropf. Titansäure = Gelbfärbung.

b) Mit der Vanadinsäurereaktion: 10 ccm Milch + 10 Tropfen 1%ige Vanadinsäure = Rotfärbung (Empfindlichkeit 1 : 10 000).

Wie geht man vor, um rohe und gekochte Milch zu unterscheiden?

1. Mit der Oxydasenreaktion.

a) Guajakreaktion. 5 ccm Milch + 1 Tropf. Guajaktinktur. Nach 2 bis 3 Minuten Blaufärbung bei Rohmilch; wenn nicht positiv: 5 ccm Milch + 5 Tropf. 0,2%iges H_2O_2 + 1 Tropf. Guajaktinktur (indirekte Oxydase). (Katalasenreaktion.)

b) Storch'sche oder Paraphenylendiaminreaktion. 10 ccm Milch + 1 ccm 0,2%iges H_2O_2 + einige Tropfen Paraphenylendiaminlösung. Rohe Milch in 2—3 Minuten indigoblau. (Peroxydasenreaktion.)

c) Benzidinreaktion. 3—5 ccm Milch + 1 Tropf. alkoh. Benzidinlösung (mit Zusatz von 0,6%iger Essigsäure + 5 bis 10 Tropfen 0,2%iges H_2O_2 = Blaugrünfärbung bei Rohmilch.

2. Schardinger-Reaktion: 10 ccm Milch + 0,5 ccm Schardinger Reagens (Methylenblau-Formalinmischung) + flüssiges Paraffin. Wasserbad 45°. Rohmilch ist in spätestens 20 Minuten entfärbt. (Reduktasenreaktion).

3. Rubners „Albuminprobe".

Die Milch wird mit Kochsalz übersättigt, auf 30—40° erwärmt, filtriert und geprüft, ob im Filtrat noch durch Kochen gerinnendes Albumin vorliegt.

Bei Rohmilch fällt das Molkenproteïn aus.

Wie erkennt man die Zersetzungen der Milch?

1. Milch + 70% Alkohol aa gibt Gerinnung bei zersetzter Milch.

2. Methylenblauprobe. Man bringt in ein 20-ccm-Fläschchen 10 ccm

Milch + 15 Tropfen einer Methylenblaulösung (0,02 g in 100 g Aqua dest.), mischt gut durch, füllt 1 ccm hoch mit Speiseöl auf, setzt die verkorkte Flasche in warmes Wasser ein.

Tritt ein Verschwinden der blauen Farbe innerhalb einer Stunde auf, so ist die Milch für Säuglinge nicht geeignet.

Zur genauen Feststellung des Grades der Zersetzung titriert man nach Soxhlet den Säuregrad. 50 ccm Milch werden mit $^1/_4$ Normalnatronlauge titriert. Als Indikator werden 2 ccm einer 2%igen alkoholischen Phenolpthaleïnlösung zugefügt. Jeder für 100 ccm Milch verbrauchte Kubikzentimeter Natronlauge ist ein Säuregrad. Zulässig sind noch 7 Säuregrade.

3. Durch Feststellung der Bakterienzahl.

Wieviele Keime enthält eine frische, reinlich behandelte Milch in 1 ccm?

2000—3000 Keime.

Ist eine Überwachung der Milchwirtschaften notwendig?

Ja. Die Tiere sind von einem Tierarzt öfters zu untersuchen. Fälle von Typhus und anderen menschlichen Infektionskrankheiten unter dem Personal sind mit besonderer Vorsicht zu behandeln; für Absperrung und Desinfektion ist zu sorgen, auf Bazillenträger zu fahnden, eine Revision der Brunnenanlagen ist notwendig, evtl. zeitweilige Unterbindung des Milchverkaufes.

Gefäße müssen sauber gehalten werden. Die Milchaufbewahrungsräume müssen kühl, luftig und leicht zu reinigen sein. Es muß ein guter Schutz gegen Fliegen bestehen.

Wie kann man die Milch vor dem Verkauf präparieren, d. h. haltbarer machen?

1. Durch Abkühlen nach dem Melken und Aufbewahren in kühlen Räumen (bis höchstens 10°). Es kommt hier aber auch noch zu einer gewissen Vermehrung der Bakterien; die pathogenen Keime bleiben lebensfähig.

2. Durch Hitze.

a) Pasteurisieren. Kurzes Erhitzen auf 65—90° und rasches Abkühlen, so daß der Rohgeschmack der Milch erhalten bleibt; am besten Einwirkung von 85° 2 Minuten lang.

b) Durch Behandlung im Biorisator (Lobeck). Milch wird in feinverteilter Form in einen auf 75° erhitzten Kessel eingeblasen. Die Saprophyten und pathogenen Keime gehen zugrunde. Sporen bleiben lebensfähig.

c) Durch partielles Sterilisieren in bakteriendicht verschlossenen Flaschen 30—60 Minuten auf 100—103°. Die Sporen der Heubazillen werden dabei nicht abgetötet.

d) Durch vollständige Sterilisation. Sie ist oft ungenügend und unzuverlässig. Auch verdirbt die Milch. Am besten 10—30 Minuten langes Erhitzen bei gespanntem Dampf von 120 bis 125°; Milch in Blechdosen.

e) Durch Kondensieren der Milch. Im Vakuum auf $1/3$ oder $1/5$ ihres Volumens eingedickte Milch wird in zugelöteten Büchsen auf 100° erhitzt. Am besten wird die Milch mit Rohrzucker versetzt (80 g auf 1 Liter).

f) Durch rasches Eintrocknen auf heißen, rotierenden Walzen (Milchpulver). Der Geschmack des Milchfetts ändert sich aber in störender Weise, es ist daher geboten, derartige Milchpulver aus Mager- oder Buttermilch zu bereiten.

Wie ist die Frauenmilch zusammengesetzt, und wie reagiert sie?

Sie enthält:

88,6% Wasser,
11,4% Trockensubstanz,
0,16—0,25% Eiweißstickstoff
= ca. 1—1,5% Eiweiß,
3% Fett,
0,2% Salze.
100 g Milch liefern 58 Kalorien.

An Aschenbestandteilen enthält sie in 1 Liter 0,7 g Kali, 0,25 g Natron, 0,33 g Kalk, 0,06 g Magnesia, 0,004 g

Eisen, 0,47 g Phosphorsäure, 0,43 g Chlor.

Spez. Gew. 1028—34. Sie reagiert alkalisch.

Woraus bestehen die Eiweißstoffe der Frauenmilch?

Aus Albumin, aus Kasein in kleinen Mengen, Protalbumin und Pepton.

Wird die Frauenmilch vom Säugling gut ausgenutzt?

Ja. 91,6% der gelieferten Kalorien werden ausgenutzt.

Wie oft soll dem Säugling Frauenmilch gegeben werden?

Am ersten Tage nach der Geburt 2—3 mal, an den folgenden Tagen 6—7 mal, in Abständen von $2^1/_2$—$3^1/_2$ Stunden. Vom 7. Monat ab sind Kohlehydrate und Salze hinzu zu geben (Zwieback, Grieß, Spinat). Vom 10. Monat an ist die Frauenmilch durch Kuhmilch zu ersetzen.

In welchen Punkten unterscheidet sich Kuhmilch von Frauenmilch?

Kuhmilch enthält mehr Eiweißstoffe, weniger Zucker. Die Eiweißstoffe bestehen hauptsächlich aus Kaseïn, das im Magen derbe Gerinnsel gibt, die sauer reagieren. Auch enthält sie erheblich mehr Salze. Sie reagiert amphoter.

Wird Kuhmilch oder Frauenmilch vom Säugling besser ausgenutzt?

Die Ausnutzung ist bei der Frauenmilch eine bessere; die Fäzes enthalten hier nur 3% der Nahrung im Gegensatz zu 6—7% bei Kuhmilchernährung. Die Kuhmilch ist schwerer verdaulich.

Da es häufig vorkommt, daß Säuglinge mit Kuhmilch ernährt werden müssen, muß man die Kuhmilch in besonderer Weise so präparieren, daß sie der Frauenmilch in ihrer Zusammensetzung ähnlich wird. Wie präpariert man sie?

1. Durch Wasserzusatz, der die Eiweißstoffe und Salze der Kuhmilch verdünnt und Zusatz von Zucker (26 g Milchzucker auf 1 Liter).

2. Durch Tötung der in der Kuhmilch befindlichen Bakterien.

Wie tötet man am besten die in der Milch vorhandenen Bakterien ab?

Durch Erhitzen:

a) Kochen 5 Minuten bei 97 bis 100°.

b) Für kleinere Portionen benutzt man kleine Wasserbäder (20 Min.).

c) Für größere Portionen:

α) Soxhlets Milchkocher,

β) Milchkocher in Kannenform.

γ) Töpfe mit durchlochtem Deckel.

Es sind noch eine ganze Reihe von Milchsurrogaten angegeben, die die Frauenmilch ersetzen sollen. Welche kennen Sie?

Man hat versucht, eine leichtere Verdaulichkeit der Milch und eine Gerinnung des Kaseïns in weicheren Flokken herbeizuführen durch

1. Zusatz von Gersten- und Haferschleim zur Milch;
2. durch Schaffung kaseïnfreier Milchmischung aus Rahm und Molke (Biedert'sches Rahmgemenge);
3. durch Kindermehle (Nestlé, Kufeke, Knorrs Hafermehl), Malzsuppe.

Wie wird Butter gewonnen?

Durch Schlagen von Rahm. Heutzutage werden Zentrifugen zur Abrahmung der Milch benutzt.

Besitzt die abgerahmte Milch noch hohen Nährwert?

Ja; sie vermag den täglichen Eiweißbedarf des Menschen zu decken.

Molkereiprodukte.

Wie ist Butter zusammengesetzt?

Sie enthält:
14,1% Wasser,
0,9% Eiweiß,
83,1% Fett,
0,5% Kohlehydrate,
0,66% Salze.

Schmelzpunkt bei 31—37°, Erstarrungspunkt zwischen 19 und 21°.

Enthält Butter Bakterien?

In 1 g Butter oft 1—10 Millionen Bakterien. Unter Umständen auch Tuberkelbazillen und säurefeste Stäbchen.

Worauf beruht das Ranzigwerden der Butter?

Durch die Wirkung von Bakterien und Fadenpilzen (Penicillium, Oidium) erfolgt eine hydrolytische Spaltung des Butterfetts unter Freiwerden von Fettsäure- und Buttersäureestern.

Wodurch wird Butter talgig?

Durch Belichtung und Zutritt des Luftsauerstoffs zu den im Butterfett enthaltenen Fettsäuren.

Wie wird Butter gefälscht?

Durch Zusatz von Wasser und Kochsalz, durch Beimengungen von Farbstoff, Mehl usw. und fremden Fetten.

Worauf erstreckt sich eine Butteruntersuchung?

1. Auf die Wasserbestimmung.
2. Auf die Feststellung des Kochsalzgehaltes.

3. Auf den Gehalt an freien Fettsäuren.

4. Auf die Feststellung fremder Fette.

a) Mikroskopisch: Einbetten in Glyzerin. In Butter bleiben die Fettkügelchen erhalten, alle anderen Fette müssen geschmolzen werden; es entstehen dabei immer kristallinische Gebilde (Fette und Fettsäuren).

b) Durch Untersuchung des Butterfetts auf das spez. Gew., auf den Schmelz- und Erstarrungspunkt; auf das Brechungsvermögen mittels des Refraktometers von Zeiß.

c) Durch den Nachweis von Phytosterin in den unverseifbaren Bestandteilen des Fettes; in pflanzlichen Fetten stets enthalten.

d) Durch das Mengenverhältnis der niederen und höheren Fettsäuren. Butter enthält 87—88% höhere und 12 bis 13% niedere Fettsäuren. Andere tierische und pflanzliche Fette dagegen 95—96% höhere und nur sehr wenig niedere Fettsäuren.

Wie untersucht man die Butter auf ihren Wassergehalt?

Im Apparat von P. Funke. Schälchen auf die Wage stellen; Gleichgewicht herstellen. Dann 10 g Butter in das Schälchen abwiegen. Schälchen über der Flamme erhitzen, bis das Knistern aufhört; abkühlen lassen. Wiegen. Vergleich des Anfang- und des Endgewichtes gibt den Wassergehalt in 10 g Butter an.

Wie wird der Gehalt der Butter an freien Fettsäuren festgestellt?

5 g Butter werden in Äther gelöst, mit alkoholischer $^1/_{10}$ n-KOH nach Zusatz von Phenolphthaleïnlösung titriert. Als Säuregrad bezeichnet man die zur Sättigung von 100 g Fett verbrauchten Kubikzentimeter n-KOH.

Wie geschieht der Nachweis fremder Fette in der Butter?

3—4 g Fett werden in einer Porzellanschale von 10 ccm Durchmesser mit 1—2 g Ätznatron und 50 ccm 70%igen Alkohol versetzt, unter Umrühren vorsichtig erhitzt und die entstehende Seifenlösung zur Sirupdicke eingedampft.

Der Rückstand wird in 100 ccm Aqua dest. gelöst. Ein Teil hiervon im Reagenzglas geschüttelt (= Schaumbildung); ein anderer Teil wird mit verdünnter H_2SO_4 übergossen. In der wässerigen Lösung sind die 2 Anteile der freien Fettsäuren in freiem Zustande enthalten, lösliche und unlösliche. — Das Destillat enthält bei Butter große Mengen von Säuren, bei anderen Fetten nur Spuren von Säuren.

Welche Methoden werden noch zur genaueren Charakterisierung der Fettsäuren und zur Erkennung von Verfälschungen herangezogen?

1. Die Bestimmung der Köttstorfer'schen Zahl, die angibt, wieviel Milligramm KOH zur Verseifung von 1 g Fett nötig sind. (Milchfett 221—230, Oleomargarin 193—198.)

2. Die Bestimmung der Reichert-Meißl'schen Zahl. Sie gibt an, wieviel Kubikzentimeter $^1/_{10}$n-NaOH zur Neutralisation der aus 5 g Butterfett abdestillierten, flüchtigen, wasserlöslichen Fettsäuren notwendig sind. (Butter 26—31, Oleomargarin 0,4—1,0, Talg 0,2—0,8.)

3. Die Bestimmung der Hehner'schen Zahl, die die Menge der in 100 Teilen Fett enthaltenen, in Wasser unlöslichen, nicht flüchtigen Fettsäuren angibt.

4. Die Bestimmung der Polenske'schen „neuen Butterzahl"; sie gibt an, wieviel $^1/_{10}$ n-Barytlauge erforderlich ist zur Neutralisation der nach Reichert-Meißl überdestillierten, aber noch im Kühlrohr befindlichen in H_2O unlöslichen, dagegen in 90%igen Alkohol löslichen Fettsäuren.

5. Die Bestimmung der Hübl'schen Jodzahl. Die in pflanzlichen Fetten vorhandenen ungesättigten Fettsäuren lagern bei Gegenwart von $HgCl_2$ Jod an. (Butter 26—38% des Fettes, Erdnußöl 83—105, Pferdefett z. B. 70 und mehr, Leinöl 178.)

Kennen Sie ein Surrogat der Butter?

Margarine (tierische Fette).

Palmin (pflanzliche Fette).

Wie weist man Sesamöl in Margarine nach?

2—3 g Butter resp. Margarine werden im Reagenzglase mit 10 ccm konz. HCl ausgeschüttelt. Färbt sich die Salzsäure rot, wird sie abgegossen und das Verfahren wiederholt. Zusatz einiger Tropfen Furfurollösung = Rotfärbung bei Margarine.

Ist die Kunstbutter vom hygienischen Standpunkte zu empfehlen?

Ja. Sie ist billig, wird gut ausgenützt und empfiehlt sich als Volksnahrungsmittel. Es ist unbedingte Überwachung der Produktion und der Verkaufsstellen notwendig.

Welche Zusammensetzung zeigt die Buttermilch?

$^1/_2$—1% Fett.

3% in Flocken geronnenes Kaseïn.

3% Milchzucker und etwas Milchsäure.

Wie bereitet man Käse?

Durch Fällen des Kaseïns mittels Lab. 10 Liter Milch liefern 1 kg Käse.

Welche Käsearten unterscheidet man?

1. Weichkäse.
2. Überfetteten Käse (Gervais) aus Rahm.
3. Fette Käse aus ganzer Milch (Holländer, Schweizer).
4. Magerkäse aus der abgerahmten, meist sauren Milch (Quark, Handkäse).

Was ist Kefir?

Ein berauschendes und moussierendes aus Milch hergestelltes Getränk, das als Diätetikum gebraucht wird. Durch Kefirferment aus Hefe und Bakterien wird der Milchzucker der Milch zum Teil in Glykose umgewandelt. Aus dieser entsteht durch die Hefe Alkohol und Kohlensäure.

Womit bereitet man Yoghurt?

Mit Reinkulturen des Bac. bulgaricus.

Fleisch.

Was faßt der Begriff Fleisch zusammen?

Die quergestreifte Muskulatur der Schlachttiere mit eingelagerten Gefäßen und Nerven, mit dem zugehörigen Fett, Sehnen, Knochen, dem Bindegewebe und den genießbaren Teilen der inneren Organe, wie Lunge, Leber, Milz, Niere, Thymus und die glatte Muskulatur.

Was findet man außer Fett, leimgebender Substanz und Salzen noch im Fleisch?	Eiweißstoffe: Syntonin, Myosin, Muskelalbumin, Serumalbumin; Extraktivstoffe; Kreatin, Xanthin, Hypoxanthin, Milchsäure, Inosit, Glykogen.
Schwankt die Zusammensetzung des Fleisches?	Ja. Nach 1. der Tierspezies, 2. dem Mästungszustande, 3. dem Alter des Tieres.
Wie weit wird Fleischnahrung ausgenutzt?	Eiweiß und Leim werden zu 98%, Fett zu 95%, Salze zu 80% resorbiert.
Welche Gefahren kann der Fleischgenuß für den Menschen mit sich bringen?	1. Es können Trichinen und Finnen (tierische Parasiten), 2. pflanzliche Parasiten im Fleisch enthalten sein. 3. Es können durch längere Aufbewahrung des Fleisches pathogene und saprophytische Bakterien mit dem Fleisch genossen werden. 4. Es kann durch eine Anhäufung giftiger Stoffwechselprodukte, giftiger Arzneimittel u. dgl. zu Erkrankungen des Menschen kommen.
In welcher Fleischart finden sich Trichinen?	Im Schweinefleisch. Im Menschenmagen werden die in den Muskeln des Schweines befindlichen Kapseln gelöst. Die Würmer werden damit frei und wachsen im Darm weiter. Nach $2^1/_2$ Tagen sind die Darmtrichinen geschlechtsreif; sie begatten sich und nach 7 Tagen gebiert jedes Weibchen 1000—1300 Embryonen, die von der Darmwand aus in die Lymphbahnen und schließlich in die Muskelprimitivfasern gelangen, wo sie sich wieder einkapseln.
Welche Fleischteile untersucht man, um Trichinose festzustellen?	Die Muskeln des Bauches und Kehlkopfes, die Interkostalmuskeln und Teile des Zwerchfells.
Wie geht die Untersuchung auf Trichinen vor sich?	Mit feiner Schere wird ein kleines Muskelstückchen (aus Zwergfellpfeilern, dem Rippenteil des Zwergfells, den Kehlkopfmuskeln und den Zungenmuskeln) abgeschnitten, auf dem Objektträger in Glyzerin zu feinen Fäserchen zerzupft, mit Deckglas bedeckt und mit

schwacher Vergrößerung betrachtet. Für jedes Schwein sind 24 Proben zu durchmustern.

Welche Parasiten werden auch durch Fleischgenuß übertragen?

Die Bandwürmer, und zwar:

Taen. solium (Finne im Schwein und gelegentlich im Menschen),

Taen. saginata (Finne im Rinde),

Bothriocephalus latus (Finne in Fischen: Hecht, Lachs usw.).

Wie beugt man der Bandwurmübertragung am besten vor?

Da die Finnen schon bei 50° getötet werden, genügt Räuchern des Fleisches. Der beste und sicherste Schutz besteht darin, nur gargekochtes Fleisch zu genießen.

Welche weiteren Krankheiten können durch Schlachttiere auf den Menschen übertragen werden?

Perlsucht, Tuberkulose, Milzbrand, Rotz, Wut, Eiterungen, Septikämie und Pyämie.

Fleischvergiftung:

1. Durch parasitäre Bakterien:

a) Durch Bac. paratyph. B (40%),
b) Durch Bac. enteritis Gärtner (60%).

(Hier handelt es sich um Fleisch von Schlachttieren, die vor der Schlachtung schon erkrankt waren.)

2. Durch Toxine, die postmortal von bestimmten saprophytischen Bakterien, namentlich dem Bac. botulinus in einzelnen Stücken des aufbewahrten Fleisches gebildet sind.

Wodurch kann das Fleisch postmortal verändert werden?

Da das Fleisch ein gutes Nährsubstrat für Bakterien darstellt, siedeln sich selbstverständlich leicht darauf Infektionserreger an. Es kommen hauptsächlich in Betracht die Erreger der Typhusgruppe und der anaërob wachsende Bacillus botulinus (im Innern von Würsten, Pasteten und Schinken).

Wie weisen Sie eingetretene oder beginnende Fäulnis des Fleisches nach?

Nach der Eberschen Reaktion. Etwas verdächtiges Fleisch wird in ein Zylinderglas gegeben, dann in den Zylinder ein Glasstab eingelassen, der in einer Mischung von 1 Teil reiner Salzsäure, 3 Teilen Alkohol und 1 Teil Äther eingetaucht war. Bei Fäulnis Ammoniakbildung (Salmiaknebel).

Wie äußert sich eine Vergiftung mit Toxin des Bac. botulinus (Botulismus)?

Nach vorübergehendem Erbrechen ohne Durchfälle kommt es zu Lähmungen der Augenmuskeln, der Muskeln des Schlundes, der Zunge, des Kehlkopfes, zur Erweiterung der Pupille, Ptosis, Akkommodations- und Motilitätsstörungen des Auges, erschwertem Sprechen und Schlingen, Stuhl und Urinverhaltung.

Bei welcher Temperatur wird das Gift zerstört?

Bei 60°.

Womit sucht man die rote Farbe des Hackfleisches länger zu erhalten?

Durch Beimengungen von Konservesalz (Natriumsulfit + Natriumsulfat).

Wie weist man Sulfit im Fleisch nach?

Das Fleisch wird in einem Pulverglase mit verdünnter H_2SO_4 übergossen und das Gefäß geschlossen; bei Vorhandensein von Sulfit tritt bald ein starker Geruch nach Schwefeldioxyd auf.

Welche Methode für die biologische Untersuchung auf Pferdefleisch und andere Fleischarten gibt es?

Die Präzipitation.

Wie wird die Präzipitation z. B. bei der Untersuchung auf Pferdefleisch ausgeführt?

Dem verdächtigen Fleisch werden durch Auslaugen mit 0,85%iger Kochsalzlösung die löslichen Eiweißsubstanzen entzogen. Das völlig klare Filtrat wird mit vollständig klarem, vom Kaninchen gewonnenen Pferdeeiweiß ausfüllendem Serum von bestimmtem Titer versetzt und beobachtet, ob eine Trübung (Präzipitatbildung) eintritt. (Uhlenhuth.)

Welche Methode steht Ihnen sonst noch zur Verfügung, wenn der biologische Nachweis von Pferdefleisch versagen sollte?

Die Untersuchung des Fettes mittels Refraktometer und die Feststellung der Hübl'schen Jodzettel (siehe Seite 63.)

Wie lassen sich die Gefahren des Fleischgenusses auf ein Mindestmaß herabsetzen?

1. Durch Vorsichtsmaßregeln bei der Viehhaltung.
2. Durch Seuchengesetze.
3. Durch obligatorische Fleischbeschau in Zentralstellen.

4. Durch Aufbewahren des Fleisches in Kühlhallen.

Man unterscheidet zwischen tauglichem, bedingt tauglichem und untauglichem Fleisch. Was fällt unter den Begriff des bedingt tauglichen?

1. Fett von Tieren mit frisch ausgebreiteter Tuberkulose, Finnen und Trichinen.

2. Fleisch mit mäßiger Tuberkulose (1 kranke Lymphdrüse).

3. Der ganze Tierkörper, wenn eine frische, nur auf Eingeweide oder Euter beschränkte Blutinfektion ohne hochgradige Abmagerung vorliegt, bei mäßigem Schweinerotlauf und bei Finnen.

Wie wird das bedingt taugliche Fleisch zum menschlichen Genuß brauchbar gemacht?

Durch Einwirkung von Hitze oder dreiwöchige Pökelung. (Verkauf auf der Freibank.) Für finniges Fleisch genügt die mindestens 21tägige Aufbewahrung im Kühlraum.

Welche Tierkrankheiten machen das Fleisch des ganzen Tieres für den Genuß untauglich?

Milzbrand, Rauschbrand, Tollwut, Rotz, Rinderseuche, Rinderpest, eitrige und jauchige Blutvergiftung, schwere Tuberkulose, Schweineseuche, Schweinerotlauf und Trichinose. Das Fett bleibt nach Erhitzung verwendbar.

Was muß mit derartigem Fleisch geschehen?

Es muß durch Einwirken höherer Hitzegrade oder auf chemischem Wege bis zur Auflösung der Weichteile oder durch Vergraben in mindestens 1 m Tiefe unschädlich beseitigt werden.

Wie soll das Fleisch aufbewahrt werden?

In relativ trockener, etwas bewegter Luft, damit die Oberfläche des Fleisches eintrocknet und die Bakterien hier nicht wuchern können. Am besten eignen sich dazu die Kühlhallen der Schlachthäuser.

Bei Aufbewahren von Fleisch in den Fleischerläden ist größte Reinlichkeit notwendig. Jede engere Verbindung der Verkaufslokale mit Wohn- und Schlafräumen ist zu verbieten.

Soll rohes Fleisch genossen werden?

Niemals. Einzelne Finnen werden leicht übersehen; auch ist es nicht immer möglich, die Trichinenschau überall in hinreichend zuverlässiger Weise durchzuführen.

Bei welcher Temperatur sterben Trichinen, Finnen und die meisten Kontagien ab?

Trichinen bei 65°,
Finnen bei 52°,
die meisten Kontagien bei einer

Hitze von 60—65°, die etwa $^1/_4$—$^1/_2$ Stunde einwirkt.

Nennen Sie mir die verschiedenen Konservierungsmethoden für Fleisch!

1. Die Konservierung durch Kälte.
2. Durch Wasserentziehung.
3. Durch Salzen, Pökeln.
4. Durch Räuchern.
5. Durch Chemikalien (Borsäure, Salizylsäure, Kohlensäure, Formalin).
6. Erhitzen in bakteriendicht verschlossenen Gefäßen.

Vegetabilische Nahrungsmittel.

Welche verschiedenen Schichten unterscheidet man an einem Getreidekorn?

Außen hat man eine Reihe von Zelluloseschichten, dann folgt nach innen die eiweißreiche Kleberschicht und der Mehlkern mit reichlichen Stärkezellen.

Wodurch läßt sich beim Brotteig die Lockerung herbeiführen?

Durch Gase, die sich im Innern des Brotteigs entwickeln, z. B. Wasserdampf (Graham-Brot), Kohlensäure (durch Natr. bicarb. + Salzsäure, Hirschhornsalz, Hefe und Sauerteig).

Werden die Fermente durch die Backhitze vollständig unwirksam gemacht?

Ja.

Welche Veränderungen erleiden die Eiweißkörper und die Stärke durch den Backprozeß?

Die Stärke wird in Kleister, in Dextrin und Gummi verwandelt, das Pflanzenalbumin und der Kleber werden in den geronnenen unlöslichen Zustand übergeführt.

Welches Brot zeigt den höchsten Gehalt an verdaulichem Eiweiß?

Weizenbrot, das mit Milch bereitet ist; vom Eiweiß des Weizenbrotes werden 80%, von den Kohlehydraten 98% resorbiert.

Man kann die verschiedenen Mehle mikroskopisch voneinander trennen. Nennen Sie mir die Hauptkennzeichen der verschiedenen Mehle im mikroskopischen Bilde!

W e i z e n, R o g g e n, G e r s t e: runde Formen, die Roggenkörner sind größer und mit drei- oder vierstrahligem Nabel versehen.

K a r t o f f e l: Birnförmige Körner, auch Muschelform, groß, Schichtung um den exzentrischen Kernpunkt.

L e g u m i n o s e n: Nieren- und Eiformen, selten Kugelformen; konzentrische Schichtung, länglicher oder auch sternförmiger Nabel.

R e i s u n d H a f e r: kleine kantige e i n f a c h e Körnchen oder aus vielen kantigen zusammengesetzte kugelige oder ovale große Stärkekörner.

Mais: wie bei Reis oder Hafer; nur sind die Körner größer mit sternförmiger Kernhöhle.

Welche Beimengungen oder auch absichtliche Fälschungen findet man im Mehl?

1. Claviceps purpurea, der Mutterkornpilz.

2. Brandpilze.

3. Schädliche Unkrautsamen (Taumellolch und Kornrade), Wachtelweizen, Rhinantusarten bewirken eine grünblaue Färbung des Brotes.

4. Gips, Schwerspat.

Wie untersucht man Mehl auf Beimengungen von Mutterkorn?

a) Mikroskopisch: Mutterkorn zeigt ineinander verschlungene schimmelpilzähnliche Fäden mit Fetttröpfchen.

b) Chemisch: 10 g Mehl + 20 ccm Äther + 1,2 ccm 5%ige H_2SO_4; schütteln, zugekorkt 6 Stunden stehen lassen. Filtrieren. Rückstand mit Äther nachwaschen bis man 40 ccm Filtrat hat, mit 1,8 ccm einer konzentrierten Lösung von Natriumbikarbonat versetzen und schütteln. Violettfärbung.

Wann kann Brotgenuß gesundheitsschädigend wirken?

1. Wenn Zink- und Bleiverbindungen durch den Mahlprozeß usw. (Blei der Mühlsteine, wenn mit Bleiweiß gestrichenes Holz zum Heizen des Backofens benutzt war) mit dem Brot in Berührung gekommen sind.

2. Wenn das Brot das sog. Brotöl enthält (ein billiges Mineralöl, das aus den bei 300° nicht flüchtigen Petroleumrückständen bereitet ist, mit dem die Backbleche bestrichen werden).

3. Durch giftige Farben, die bei Konditorwaren benutzt werden.

Kennen Sie die Zusammensetzung von Reis und Mais?

Reis = 8% Eiweiß (zu 80% ausnutzbar), Spuren von Fett, 76% Kohlehydrate.

Mais = 10% Eiweiß, 4,6% Fett, 68% Kohlehydrate.

Wodurch sind die Leguminosen ausgezeichnet?

Durch reichlichen Eiweißgehalt (23 bis 28%), Fehlen von Kleber, daher zur Brotbereitung nicht geeignet.

Das Eiweiß wird nur zu 50—70% ausgenutzt. Die präparierten Mehle aus Leguminosen sind besser ausnutzbar (Eiweiß zu 85%) und leichter verdaulich.

Sind Kartoffeln ein gutes Nährmittel?

Ja. Die Kartoffeln sind eine vorzügliche Quelle für Kohlehydrate, sie geben mit Eiweiß, z. B. Fleisch oder Käse und Fett eine gute Nahrung. Häufigere Wiederholung ruft keinen Widerwillen hervor. Wegen ihrer Billigkeit sind sie ein gutes, beliebtes Volksnahrungsmittel. Bei ausschließlicher Kartoffelnahrung treten Ernährungsstörungen auf.

Die Gemüse, die die Darmperistaltik anregen, die durch ihr großes Volumen Sättigung hervorrufen, die dem Körper Salze, Eisen zuführen, haben auch ihre Nachteile. Worin bestehen dieselben?

Darin, daß Parasiten und Infektionserreger an den Gemüsen haften können (Bandwurmeier, Typhusbazillen usw.). Die Infektionserreger und Parasiten werden auf die Gemüse von den Verkäufern, die eine infektiöse Erkrankung durchgemacht haben, übertragen oder sie stammen aus einem infizierten Wasser, das zum Besprengen der Gemüse benutzt wird, oder aus gedüngtem Boden. Vorsicht beim Rohgenuß geboten! Am besten Kochen sämtlicher Vegetabilien.

Genuß- und Reizmittel.

Was versteht man unter „Genußmittel"?

Die in der Nahrung enthaltenen oder ihr zugesetzten schmeckenden Stoffe.

Worin liegt die Bedeutung der Genuß- und Reizmittel?

In der Anregung zur Nahrungsaufnahme, in der günstigen Wirkung auf die Verdauungsorgane (Peristaltik, Sekretion der Verdauungssäfte anregend).

Die eigentlichen Reizmittel verdecken die Empfindung ungenügender Ernährung und Leistungsfähigkeit.

Wozu führt der Alkoholmißbrauch?

Zu Erkrankungen des Herzens, der Leber, der Nieren und des Zentralnervensystems, zu leichtsinnigen Handlungen, Roheiten, Vergehen und Verbrechen, Unfällen, ungenügender Ernährung und Verelendung der Familie.

Wie wird der Alkoholmißbrauch bekämpft?

Durch Kontrolle und Beschränkung der Schankstätten, Trinkerheilstätten, Einrichtung von Tee- und Kaffeehäusern, heilbringende Tätigkeit von Vereinen (Blaues Kreuz).

Welche Genußmittel kennen Sie?

I. Alkoholische Getränke:
   a) Bier,
   b) Wein,
   c) Branntwein.

II. Kaffee, Tee, Kakao.

III. Tabak.

IV. Gewürze:
   a) Pfeffer,
   b) Senf,
   c) Essig.

Was ist Bier?

Ein durch Hefegärung ohne Destillation aus Gerstenmalz, Hopfen und Wasser hergestelltes Getränk, das sich im Stadium der Nachgärung befindet.

Was enthält das Bier?

2—5% Alkohol, 4—8% Extrakte, wovon Dextrin und Zucker die Hauptmasse ausmachen, ungefähr 0,5% Glyzerin, 0,5% Eiweiß bzw. Pepton, die Bitterstoffe des Hopfens, Salze, freie CO_2, Milch- und Bernsteinsäure und Spuren von Essigsäure.

Wie bereitet man Bier?

Angefeuchtete Gerste wird auf einen Haufen geworfen; man läßt sie auskeimen. Dabei entsteht Diastase, welche die Stärke durch Umwandlung in Maltose und Dextrin gärfähig macht. Das von den Keimen befreite Getreide wird gedarrt und grob gemahlen, das Malz mit warmem Wasser angesetzt und später gekocht. Zu dieser Dextrin und Maltose enthaltenden Würze wird Hopfen zugegeben. Seine bitteren und aromatischen Stoffe gehen in die Würze über und geben dem Bier den eigentümlichen Geschmack. Die Würze wird nun mit Hefe versetzt, der Gärung unterworfen, wobei fast alle Maltose in CO_2 und Alkohol zerlegt wird. Die Unterhefe bewirkt bei niedriger Temperatur eine langsame Gärung und haltbare Biere. Die Oberhefegärung geht bei höherer Temperatur vor sich und erzeugt ein wenig haltbares Getränk.

Wie fälscht man das Bier?

Statt Gerstenmalzes kommt Stärke und Stärkezucker zur Verwendung. Es entstehen bei ihrer Vergärung Fuselöle, die das Bier unbekömmlich machen. Statt Hopfen werden andere Bitterstoffe, wie Quassia, Aloe usw. benutzt. Ein Teil dieser Präparate ist giftig und keines ist dem Hopfen gleichwertig.

Wie setzt sich der fertige Wein zusammen?

Er enthält:

9—12% Alkohol,
2% Extrakt,
0,1—0,8% Zucker,
0,2% Farb- und Gerbstoff,
0,2% Asche,
85—88% Wasser.

Wie hoch ist der Alkoholgehalt des Branntweins?

35—75%.

Welche Substanzen wirken, wenn sie im Branntwein enthalten sind, schädigend auf die Gesundheit des Menschen?

Bedenklich ist der Gehalt an Fuselöl (Gemenge von Propyl-, Amyl-, Butylalkohol und Furfurol). Bei einem Gehalt an diesen Substanzen über 1 Promille stellen sich Übelkeit und Kopfschmerzen ein. Auch kommt eine giftige Wirkung zustande durch einen stärkeren Zusatz von Methylalkohol (Sehstörungen, Pupillenerweiterung, Erbrechen, Dyspnoe und Kollaps).

Wie wird der Branntwein gewonnen?

Durch die Alkoholgärung zuckerhaltiger Substanzen (Weintrauben, Pflaumen) oder gärfähig gemachter Stärke (Korn, Kartoffeln) und Destillation des gewonnenen Alkohols.

Was enthält die Kaffeebohne?

10% Stickstoff (Eiweiß),
15—16% Fett,
5% Asche,
10% Zucker,
1% Koffeïn (Teïn), Methyl-Theobromin.
Gerbsäure und ätherisches Öl.

In einer Tasse Infus aus 8 g Bohnen finden sich etwa 0,1 g Koffeïn.

Welcher Stoff ist im Tee der wirksame?

Das Teïn (0,5—2%).

Welche Zusammensetzung hat der aus Kakaobohnen bereitete Kakao?

16% Eiweiß,
50% Fett,
3—4% Asche,
1% Theobromin.

WelcheWirkungen schreibt man dem Kakao zu?

Eine anregende Wirkung (Theobromin) und einen nicht unbeträchtlichen Nährwert wegen des Fettes, Eiweißes und der Kohlehydrate.

Der wichtigste Bestandteil des Tabaks ist das Nikotin. Was ist Nikotin?

Nikotin ist ein farbloses, giftiges Öl, $C_{10}H_{14}N_2$.

Worin besteht die Gesamtwirkung des Rauchtabaks?

In einer leichten Erregung des Nervensystems. Bei Tabakmißbrauch treten nervöse Herzschwäche, Skotome, Unempfindlichkeit für Farben usw. auf.

Welche Stoffe finden sich im Tabakrauch?

Nikotin, Pyridinbasen, Kohlenoxydgas als giftige Stoffe; daneben flüchtige Fettsäuren und Kohlenwasserstoffe.

Welche Gewürze kennen Sie?

Pfeffer, Senf, Essig.

Kleidung und Hautpflege.

Welche Aufgabe haben die Kleider?

Sie sollen den Körper vor zu großer von außen auf ihn eindringender Wärme schützen und ihn vor zu starker Wärmeabgabe bewahren.

Woraus besteht gewöhnlich die Kleidung?

Zum kleinsten Teil gewöhnlich aus dichten ungewebten Stoffen, weiter aus gewebten Stoffen: aus vegetabilischen Fasern, Haaren von Tieren, aus Seidenfäden.

Nennen Sie mir die vegetabilischen Fasern!

a) Baumwolle (Kattun, Shirtings, Musselin, Tüll, Köper, Barchent usw.),
b) Leinen,
c) Hanf und Jute.

Welche tierischen Materialien kommen hier in Betracht?

a) Die Wolle,
b) die Seide.

Diese verschiedenen Stoffelemente kann man nicht nur mikroskopisch, sondern auch chemisch voneinander unterscheiden. Welche chemischen Reaktionen kennen Sie?

Kalilauge löst tierische Fasern beim Kochen; sie färben sich mit Pikrinsäure nachhaltig (waschecht), brennen angezündet nicht fort.

Vegetabilische Fasern werden durch Kalilauge nicht gelöst, sie färben sich nicht dauernd mit Pikrinsäure, brennen angezündet fort. Bei Pflanzenfasern gibt konzentrierte Schwefelsäure + Thymollösung eine purpurrote Färbung.

Seide ist in Salpetersäure und Ammoniak leicht löslich. Weniger löslich darin ist Wolle. Baumwolle in H_2SO_4 getaucht wird gallertig bzw. gelöst. Leinenfäden bleiben in H_2SO_4 unverändert.

Woraus bestehen:

a) Seidenfasern?

Aus dem erhärteten Sekret der Spinndrüsen der Seidenraupe.

b) Leinenfasern?

Aus den Sklerenchymfasern des Flachses (Linum usitatissimum).

c) Baumwollfasern?

Aus den Samenhaaren der Malvaceengattung Gossypium.

d) Kunstseide?

Aus denitriertem Kollodium. (Chardonnet.)

Was ist Loden?

Tuch wie es vom Webstuhl kommt.

Wie verhält sich das Wärmeleitungsvermögen der Stoffelemente untereinander?

Bei Baumwollfasern (wenig hygroskopisch) = 29,9 (wenn das der Luft = 1 gesetzt wird). Bei Leinen = 29,9, bei Wolle = 6,1 (sehr hygroskopisch, Wolle nimmt 25—28 Teile Wasser auf). Bei Seide = 19,2 (100 Teile Seide nehmen 16,5 Wasser aus feuchter Luft auf).

Wie hoch stellt sich der Luftgehalt bei den verschiedenen Geweben?

Bei glatten Geweben 50%,
bei gewirkten Stoffen, z. B. Trikot, 70—86%, (Wolltrikot 86, Baumwolltrikot 85, Seidentrikot 83, Leinentrikot 73).
bei Flanell 90%,
in Pelzen 98%.

Wovon hängen die wasserhaltende Kraft und die kapillare Aufsaugung der Kleidung ab?

Vom Luftgehalt des Gewebes.

Und wovon wieder hängt die Permeabilität der Kleider für Luft und andere Gase ab?

Von dem Porenvolumen und der Größe der Lufträume.

Wofür ist der Luftgehalt von größter Bedeutung?

Für das reelle Wärmeleitungsvermögen der Kleiderstoffe. Daneben kommt die Dicke der Stoffe und in geringerem Grade das Leitungsvermögen der Grundstoffe in Betracht.

Bei welchen Stoffen ist die Abstrahlung der Wärme am niedrigsten, bei welchen am größten?	Am niedrigsten bei glatten Stoffen, am stärksten bei rauher Trikotwolle.
Welchen hygienischen Anforderungen hat also die Kleidung zu entsprechen?	1. Sie soll die Wärmeabgabe vom Körper herabsetzen, sowohl im trockenen wie im feuchten Zustande. 2. Sie soll die normale Abgabe von Wasserdampf vom Körper ermöglichen. 3. Sie soll die direkte Bestrahlung des Körpers hindern. 4. Sie soll die Haut nicht reizen, die Hautsekrete gut aufnehmen und leicht zu reinigen sein. Weiter darf die Farbe der Kleidung keine giftigen Stoffe enthalten.
Wie wird der Nachweis von Arsen in Tapeten geführt?	Die Tapeten werden zerkleinert, mit Salzsäure übergossen, eine Stunde stehen gelassen. Inzwischen entwickelt man im Marshschen Apparat Wasserstoff. Salzsäure von den Tapeten in den Apparat geben und das Glasrohr 10 Minuten glühen. Es entsteht ein braunschwarzer glänzender Metallspiegel aus Arsen, der sich in unterchlorigsaurem Natron löst. Die eben noch feststellbare Arsenmenge (As_2O_3) ist mit dem Marshschen Apparat auf $^1/_{100}$ mg zu veranschlagen.
Um wieviel Prozent vermindert jedes Kleidungsstück die Wärmeabgabe?	Um 10—40%.
Wodurch wird die Wärmeabgabe des Körpers verhindert?	Durch die schlechte Wärmeleitung der Kleidung, die wieder von dem Luftgehalt des Gewebes und seiner Dicke abhängig ist.
Wie wirkt durchfeuchtete Kleidung?	Durch das Gewicht sehr schwer und belästigend. Weiter wirkt durchfeuchtete Kleidung fördernd auf die Wärmeabgabe und infolge der Verdunstung des aufgenommenen Wassers kühlend.
Ein gewisser Luftwechsel durch die Kleidung ist erforderlich. Wie bestimmt man die Größe des Luftwechsels durch die Kleidung?	Durch Bestimmung des CO_2-Gehaltes der Kleiderluft; man nimmt dabei die CO_2-Produktion seitens der Haut als gleich an. Unbehagen tritt schon ein, wenn jener CO_2-Gehalt über 0,08 pro mille steigt. In einer Stunde gehen durch

einen leichten Sommeranzug ca. 935 Liter Luft.

In den Tropen sind lockere porös gewebte Stoffe zu empfehlen. Gegen häufige Durchnässungen bedient man sich zweckmäßig der imprägnierten, aber porösen Wollstoffe. Was sind imprägnierte Stoffe?

Stoffe, die mit einer Mischung von Alaun, Bleiazetat und Gelatine getränkt sind. Durch diesen Prozeß wird die Adhäsion zwischen der Faser und dem Wasser vermindert und das kapillare Aufsaugungsvermögen des Stoffes beseitigt. Zum Imprägnieren von Kleidungsstoffen gegen das Verbrennen ist das Zinnoxyd empfohlen worden.

Welchen Prozentsatz von Feuchtigkeit zeigt die Luft zwischen Körper und Kleidung?

30—40%.

Wie hoch kann bei undurchlässiger Kleidung, bei warmer, feuchter und windstiller Außenluft die Feuchtigkeit (in Prozenten ausgedrückt) in der Luft zwischen Körper und Kleidung steigen?

Auf 60%; es tritt dann eine Belästigung und ein Gefühl des Unbehagens ein.

Wie schützt man sich gegen die direkte Insolation?

Durch weiße oder hellgelbe Kleiderstoffe.

Welche Übelstände haften porösen Stoffen an?

Sie nehmen viel Staub auf, Hautsekrete dringen ein, flüchtige, riechende Bestandteile werden reichlich absorbiert (besonders von Wolle).

Ist die Kleidung reich an Bakterien?

Ja. Je rauher die Oberfläche der Stoffe, um so größer ist der Bakteriengehalt.

Welche Schädigungen können durch fehlerhaften Sitz der Kleidung hervorgerufen werden?

Schnürleber und im weiteren Gefolge Erkrankungen der Gallenblase (Gallensteine, Karzinom); Verlagerung der Baucheingeweide, sowie Störungen der Blutzirkulation im ganzen Pfortadersystem, Stauungen in den inneren Geschlechtsorganen und deren Verlagerung. Weiter seien genannt die schädlichen Folgen enger Halsbekleidung, die Unzweckmäßigkeit der Strumpfbänder, die durch schlechtes Schuhwerk sich einstellende partielle Schwielenbildung durch Druck (sog. Hühneraugen), Verkrüppelung des Fußes in seiner horizontalen Fläche und Deformationen des Fußgewölbes bis zur Plattfußbildung. Zu hohe Absätze lassen den Fuß nach vorn gleiten und führen somit eine Verkrümmung der Zehen herbei.

Großer Wert ist auf eine gute Hautpflege zu legen. Eine häufige Reinigung des ganzen Körpers durch lauwarme Bäder sollte daher auch für die ärmere Bevölkerung zur Gewohnheit werden. Welche Einrichtungen wären da segenbringend?

1. Die Einführung der Volksbäder (Brausebad),
2. der Schulbäder,
3. der Arbeiterbäder (in industriellen Betrieben).

Weiter kommen in Betracht:

4. Schwimmbäder,
5. Voll- und Wannenbäder,
6. Luftbäder und Sonnenbäder.

Wohnung.

Worauf hat man bei der Auswahl eines Bauplatzes zu sehen?

Daß der Boden porös, trocken und frei von stärkeren Verunreinigungen ist. Bei zu feuchtem Baugrund muß Trockenlegung folgen.

Die Ursache der Feuchtigkeit kann darin liegen, daß der Bauplatz entweder zu einem Überschwemmungsgebiet eines Flusses gehört, oder daß der Abstand des Grundwassers von der Bodenoberfläche ein zu geringer ist. Auch kann die Bodenfeuchtigkeit durch einen dichten, schwer durchlässigen Boden von geringer Neigung des Terrains herbeigeführt werden. Wie kann man die Feuchtigkeit eines Bauplatzes vermindern?

Durch Aufschüttung des Terrains, durch Drainieren des Untergrundes bzw. mit Hilfe der Kanalisation, durch Anpflanzung schnell wachsender Pflanzen (Sonnenblume; Gummibaum [Eucalyptus globulus]).

Welche Bauweisen kennen Sie?

Die Kleinhäuser (freie Bauweise), dann die Reihenhäuser (geschlossene Bauweise), die sog. Mietskasernen, die leider in großen Städten vorherrschend geworden sind.

Das System der Mietskasernen führt zu schweren sozialen und auch allerlei

In Betracht kommen die Temperatureinflüsse (Säuglingssterblichkeit abhängig von der Wohnungstemperatur

hygienischen Mißständen. Welche hygienischen Übelstände kommen in Betracht?

im Hochsommer). Weiter begünstigt die Mietskaserne die Ausbreitung ansteckender Krankheiten (Diphtherie, Scharlach, Masern, Typhus, Ruhr, Cholera). Ferner haben die Mietskasernen den Nachteil, daß ihre Bewohner keinen Platz im Freien zur Verfügung haben, wo sie sich tagsüber aufhalten können. Durch die zu große Wohndichtigkeit wird die Wärmestauung, die Ansammlung ekelerregender Gerüche begünstigt und die Übertragung von Kontagien innerhalb der Familie gefördert (Tuberkulose).

Wie kann man derartigen, durch die moderne Wohnweise herbeigeführten Gesundheitsschädigungen entgegentreten?

1. Die Säuglingssterblichkeit ist zu bekämpfen durch Förderung der Brustnahrung, durch Vorkehrungen zum Kühlhalten der Milch, durch Einrichten von Krippen usw.

2. Zur Bekämpfung der ansteckenden Krankheiten hilft die Entlastung der Wohnung von Kranken durch Überführung derselben in Krankenhäuser, der Leichen in die Leichenhallen, durch Maßnahmen der Wohnungsdesinfektion.

3. Es ist wünschenswert, einen zeitweisen Aufenthalt im Freien durch Kinderspielplätze, Schrebergärten usw. zu ermöglichen. Das System der Mietskasernen ist möglichst einzuschränken und der Bau kleinerer Häuser für einzelne oder für eine beschränkte Zahl von Familien zu begünstigen.

Bei Erweiterung einer Stadt muß ein sog. Bebauungsplan aufgestellt werden. Was wird durch den Bebauungsplan geregelt?

Die Anlage der Straßen- und Bahnlinien, die möglichst günstige Verteilung der Großindustrie, der Arbeiterviertel, der gewerbetreibenden Teile.

Man unterscheidet Verkehrs- und Wohnstraßen. Wie sollen sie angelegt sein?

Die Verkehrsstraßen führen radial vom Verkehrszentrum nach der Peripherie der Stadt mit rechtwinkligen Kreuzungen (20—30 m breit), geschlossene Bauweise. Die Wohnstraßen (7 bis 9 m breit) sollen kleinere Häuserblocks haben mit Vorgärten und nicht mehr als 2 Stockwerke (offene Bauweise).

Welches ist die günstigste Straßenrichtung?

Nordost nach Südwest, resp. von Nordwest nach Südost. Sonne und Wind werden gut ausgenützt und möglichst gleichmäßig verteilt.

Zur Straßenpflasterung soll ein möglichst wenig Staub lieferndes Material benutzt werden. Wie muß es also beschaffen sein?

Hart und schwer zerreiblich.

Welche Pflasterung ist fugenlos?

Das Pflaster aus Gußasphalt, Zementbeton mit Stampfasphalt. Holzpflaster ist auch zu empfehlen.

Wie kann man den Staub der Straßen binden?

Durch Besprengen der Straßen mit Teer, Mineralölen, Chlorkalzium usw.

Die Bauordnungen enthalten allerlei Vorschriften. Welche kennen Sie?

1. Die Regelung der Bauflucht; ein Zurückgehen der Häuser hinter die Fluchtlinie ist bis zu 3 m gestattet,

2. die Regelung von Hof und Gartenraum,

3. den Abstand der Gebäude voneinander:

a) geschlossene Bauweise,

b) offene Bauweise (Pavillonsystem).

Wie groß soll der Abstand eines Baues vom gegenüberliegenden sein?

Der Abstand soll mindestens Haushöhe betragen ($h = b$ [Straßenbreite]).

Weiter befaßt sich die Bauordnung mit der Höhe der Häuser, der Zahl der Stockwerke und der Größe der Wohnräume. Welches ist die maximale Höhe des Hauses, wie ist die Zahl der Stockwerke festgesetzt worden?

Die Maximalhöhe eines Hauses beträgt 20 m. Die Zahl der Stockwerke ist auf höchstens 5, die minimale lichte Höhe der bewohnten Räume auf mindestens $2^1/_2$—3 m festgelegt.

Wieviel Kubikmeter Luftraum rechnet man für den Erwachsenen, wieviel für ein Kind?

10 cbm Luftraum für den Erwachsenen, 5 cbm Luftraum für ein Kind.

Welche Größe sollen die Fenster einer Wohnung haben?

Sie sollen mindestens $^1/_{12}$ der Bodenfläche betragen.

Was bezweckt das Fundament des Hauses?

Abschluß gegen das Bodenwasser und etwaiges Aufsteigen von Bodenluft.

Wie läßt sich eine Dichtung der Mauern erreichen?

Durch Einlegen einer Asphaltschicht oder glasierter Klinker. Das seitliche

Eindringen von Feuchtigkeit wird ebenfalls verhindert durch Bestreichen der Mauern mit Asphaltteer oder durch Aufbau einer Vormauer in der Entfernung von 6—7 cm vom Kellermauerwerk.

Welche Gase können aus der Bodenluft in die Wohnung steigen?

Kohlensäure, Leuchtgas.

Welches Material kommt für die Konstruktion der Seitenwände eines Hauses in Frage?

1. Ein wenig für Luft durchlässiges Material.

2. Nicht wärmeleitendes Holz und poröse lufthaltige Tuffsteine und für Wasser nicht durchgängiges Material.

Welche Mauerdicke schreiben die Baugesetze vor?

Massive Mauern von 3—4 stöckigen Häusern sollen im Parterre $2^1/_2$ Stein = 62 cm stark sein, im ersten und zweiten Stock 50 cm, im dritten und vierten 38 cm.

Bei Fachwerkhäusern sind die Mauern erheblich dünner.

Die Innenwände werden am besten aus porösen Ziegeln hergestellt. Welches Material wird neuerdings vielfach benutzt?

Sog. Gipsdielen, Moniertafeln (Zementplatten), die innen ein Gerüst von Eisendraht und Eisenstäben bergen; Rabitzputz, Gips auf und in Drahtgeflechten.

Wie müssen die Zwischendecken gebaut sein?

Sie sollen Schutz gegen Schadenfeuer gewähren, Luft, Wärme und Schall nicht durchlassen. Die unterste Schicht der Zwischendecken besteht aus Kalk- oder Gipsbewurf der berohrten Bretter an der Unterseite der Balken. Dann folgt eine 8 cm hohe Luftschicht, darauf mit Lehm verschmierte Schallbretter, auf diesen trockenes Füllmaterial (Schlacken, Kies, Sand), dann folgen die Dielen.

Welchen Anforderungen muß der Fußboden entsprechen?

Er soll schlecht wärmeleitend, möglichst dicht, nicht rauh, nicht splitternd sein. Am geeignetsten sind geölte, kurze, schmale Bretter aus hartem Holz (Stabparkett).

Wie müssen Dach und Treppen eines Hauses beschaffen sein?

Das Dach, das dem Hause Schutz gegen Regen und Feuer gewähren soll, muß für Wasser undurchlässig sein; es darf die Insolationswärme und Kälte nicht durchdringen lassen. Die Treppen, die bequem und sicher zu begehen sein sollen, müssen feuersicher hergestellt sein.

Inwiefern wirken feuchte Wohnungen nachteilig auf die Gesundheit?

Sie verursachen Störungen der Wasserdampfabgabe und Wärmeregulierung des Körpers. Feuchte Wohnungen begünstigen die Konservierung von Krankheitserregern und die Entwicklung von saprophytischen Bakterien und saprophytischen Schimmelpilzen.

Welche Pilzarten greifen sogar das Bauholz an?

Der echte Hausschwamm (Merulius domesticus oder Merulius silvester minor oder Merulius lacrimans), oder der Porenhausschwamm (Polyporus vaporarius), der Keller- oder Warzenschwamm (Coniophora cerebella), als Erreger der Trockenfäule.

Wodurch entsteht die abnorme Feuchtigkeit der Wohnungen?

1. Durch das beim Bau verwendete Wasser (Anrühren des Mörtels).

Ein Wohnhaus, dessen Wände 500 cbm Mauerwerk ausmachen, enthält 90 bis 110 cbm mechanisch beigemengtes und 6 cbm chemisch gebundenes (Hydrat-) Wasser.

2. Durch mangelhaften Abschluß der Fundamentmauern gegen Grundwasser und Bodenfeuchtigkeit.

3. Durch Verwendung von zu aufsaugungsfähigem Material an der Schlagseite.

4. Durch zu tief unter der Bodenoberfläche gelegene Kellerwohnungen.

5. Durch Defekte an Zu- und Abwasserleitungen.

6. Durch Wasserdampfproduktion in den Wohnräumen.

Wann ist ein Haus beziehbar?

Wenn der Wassergehalt im Gesamtmörtel bis auf etwa 2% verdunstet ist.

Wieviel Wasser im Gesamtmörtel enthält ein gut ausgetrocknetes Mauerwerk?

0,4—0,6%.

Wie bestimmt man die Mauerfeuchtigkeit?

1. Mit der Alkoholmethode.

50 g Mörtel werden mit 250 ccm 15° warmen Alkohols, dessen Prozentgehalt vorher mit dem Aräometer zu bestimmen ist, kräftig geschüttelt. Erneute Bestimmung des Alkoholgehaltes und

damit Berechnung des Wassergehaltes des Mörtels.

2. Nach Korff-Petersen.

In den Lautenschläger'schen Apparat 15 g Mörtel einbringen. Zusetzen von 4 g Kalziumkarbid in geschlossener Glaspatrone. Manometer aufsetzen. So lange schütteln, bis Glaspatrone zerbricht. Ablesen des entstehenden Gasdrucks am Manometer. Umrechnen nach beigegebener Tabelle auf den Wassergehalt.

Heizung.

Wovon ist die Lufttemperatur eines Zimmers abhängig?

Von der Wandtemperatur.

Und wovon ist die Insolationswärme der Mauer abhängig?

Von der Dicke der Mauer, von der Absorption der Sonnenstrahlen an der äußeren Oberfläche, von der Dauer der Bestrahlung und dem Winkel, in dem die Sonnenstrahlen auffallen.

Welche Hauswand ist am wärmsten?

Die Westwand, etwas kühler die Ostwand, dann folgt erst die Südwand.

Die oberen Etagen eines Hauses zeigen erhebliche Steigerungen der Temperatur. Woran liegt das?

In den oberen Etagen macht sich der Einfluß des bestrahlten Daches geltend, weiter summieren sich hier die Wirkungen der inneren Wärmequellen (Küchenkamine). Die Temperaturen betragen im Hochsommer nachts oft 25—32° und mehr.

Worin bestehen die nachteiligen Folgen der hohen Wohnungstemperaturen?

In einer Behinderung der Wärmeabgabe. Es tritt Erschlaffung, Appetitmangel, oft Anämie ein. Bei kleinen Kindern kommt es zu Wärmestauung (infantiler Hitzschlag). Ferner tritt eine rasche Zersetzung der Nahrungsmittel usw. ein.

Wie kann man sich gegen die hohe Sommertemperatur der Wohnungen schützen?

Durch eine besondere Bauart der Häuser (freistehend, großes Dach), durch enge Straßen (in südlichen Ländern), durch dicke Mauern, schattige Höfe, durch Anpflanzungen, Berieselung, durch fortdauernde Zufuhr kalter Luft.

Wie erwärmt man die Wohnräume während des Winters?

Man benutzt Brennmaterialien, die in besonderen Heizvorrichtungen verbrannt werden (Holz, Steinkohle, Holzkohle, Koks oder gasförmige Brennmaterialien, wie Leuchtgas, Wassergas), oder elektrische Heizkörper.

Welche Anforderungen stellt man an eine Heizvorrichtung?

Sie muß gut regulierbar sein, sie soll die Temperatur im ganzen Zimmer gleichmäßig verteilen, die Heizung soll sich kontinuierlich vollziehen, sie darf keine gasförmigen Verunreinigungen in die Wohnungsluft gelangen lassen und nur sehr wenig Staub der Zimmerluft zuführen. Der Betrieb der Heizung muß gefahrlos, geräuschlos, einfach und billig sein.

Die Luft des beheizten Zimmers soll einen gewissen Feuchtigkeitsgehalt besitzen. Wie behebt man die Lufttrockenheit?

Durch Wasserverstäubungs- oder -verdampfungsapparate.

Was unterscheidet man an jeder Heizung?

Den Verbrennungsraum, den Heizraum und den Schornstein.

Wie teilt man die Heizungen ein?

In Lokal- und Zentralheizungen.

Nennen Sie mir Lokalheizungen!

Die lokalen Heizungen sind entweder für periodischen oder für dauernden Betrieb eingerichtet. Zu ersteren rechnen die Kamine und die gewöhnlichen eisernen Öfen, zu letzteren die eisernen Füllöfen und die Massen- oder Tonöfen.

Welchen Nachteil haben die Kamine?

Die Kamine sind für unser Klima als Heizeinrichtungen ungenügend. Es wird bei Holzfeuerung nur $^1/_{16}$ der Wärme ausgenutzt. Der Fußboden bleibt kalt; leicht gelangen Rauchgase ins Zimmer; die Kamine sind gut als Ventilationseinrichtung zu benutzen.

Welche eisernen Öfen kennen Sie?

1. Die gewöhnlichen eisernen Öfen, die eine starke Strahlung erzeugen, Wärme ungleichmäßig verteilen, Staub liefern und sehr oft beschickt werden müssen.
2. Die Mantel-Regulierfüllöfen (Zirkulations- und Ventilationsöfen), die eine kontinuierliche Heizung garantieren.
3. Dauerbrandöfen.

Welche Öfen kommen sonst noch in Betracht?

1. Die Kachelöfen, die die aufgespeicherte Wärme langsam abgeben. Ihre Nachteile bestehen in der langsamen Erwärmung, der völligen Unregulierbarkeit der Wärmeabgabe und in der mangelhaften Verbindung mit der Ventilation.

2. Die Gasöfen (90% nutzbarer Heizeffekt). Bequeme, reinliche, leicht zu regulierende Heizung.

3. Die elektrischen Öfen (transportabel). Vorzügliche Wärmespender, die keine Verbrennungsprodukte liefern (teuer).

4. Petroleumöfen (transportabel) haben den Nachteil, daß CO_2 und H_2O im Zimmer bleiben, also die Luft verschlechtern; das gleiche gilt von den Spiritusöfen. 200 g Petroleumkonsum erzeugt in 1 Stunde 340 Liter CO_2.

Was versteht man unter Zentralheizungen?

Einrichtungen, die ganze Stadtteile, ganze Häuser oder größere Teile eines Hauses erwärmen.

Welche Vorteile bieten die Zentralheizungen?

Die Bedienung ist auf eine oder mehrere Feuerstellen im Kellergeschoß beschränkt, der Verbrennungsprozeß leichter regulierbar. Verunreinigungen der Wohnungsluft, durch Staub, Asche, Ruß, fallen fort.

Welche Arten von Zentralheizungen unterscheidet man?

1. Wasserheizungen:
   a) Hochdruck- oder Heißwasserheizungen,
   b) Mitteldruckwasserheizung,
   c) Warmwasserheizung (Niederdruckwasserheizung).
2. Dampfheizungen.
3. Luftheizungen.

Erklären Sie mir ganz kurz die verschiedenen Zentralheizungen!

a) Die Luftheizung.

Der Heizapparat (Kalorifer) ist von einer Heizkammer umgeben, in die die kühle Außenluft durch besondere Kaltluftkanäle eintritt und hier erwärmt wird. Die Entnahmestelle für die Außenluft muß gegen Staub, Ruß und üble Gerüche geschützt sein. Auch muß sie von Windstößen und vom Winddruck unabhängig sein. Am besten läßt man die Luft durch ein grobes Filter treten. Von der Heizkammer fließt sie dann in Kanälen, die weit und glatt sein müssen, möglichst senkrecht aufsteigend in den Innenwänden der Häuser hinauf in die Wohnräume. Die Luft tritt etwas über Kopfhöhe aus weiten Öffnungen in die Zimmer; sie fließt durch besondere Abfuhrkanäle wieder ab. Der eine Abfuhrkanal liegt nahe am Fußboden, der andere nahe der Decke.

Die Temperaturregulierung für sämtliche Räume ist Sache des Heizers; er kann entweder die Temperatur an Thermometern, die in die Türfüllungen eingelassen sind, ablesen oder er wird durch Metallthermometer, die im Wohnraum angebracht sind und die durch elektrische Übertragung den Stand der Temperatur im Heizraum anzeigen, unterrichtet.

b) Wasserheizungen.

α) Hochdruck- oder Heißwasserheizungen.

Geschlossenes (durch ein belastetes Ventil) Röhrensystem aus engen, starkwandigen, schmiedeeisernen Röhren, von denen ein Teil im Kessel als Spirale in der Feuerung liegt. Die Rohre sind auf einen Druck von 150 Atmosphären geprüft. Das im Bodenraum sich befindliche Expansionsgefäß, zu dem ein Rohr aufsteigt, läßt bei einem Druck von 15 Atmosphären = 200° C das Wasser austreten. Die Rohre führen zu den als Heizkörper aufgestellten Heizspiralen oder Heizschlangen, von wo sie zur Feuerung zurückkehren. Die Temperatur der Heizkörper beträgt gewöhnlich 125—150° C. Nur wenige Liter Wasser sind bei diesem Heizsystem notwendig. Die Anlage eignet sich für Räume, die rasch und nur für kurze Zeit erwärmt zu werden brauchen. Die Heißwasserheizung wird nur noch selten ausgeführt, höchstens in Verbindung mit einer Luftheizung.

β) Mitteldruckwasserheizung.

Wird das Wasser nur auf 120° C erwärmt (1 Atmosphäre Überdruck), so hat man die Mitteldruckwasserheizung.

γ) Niederdruck- oder Warmwasserheizung.

Offenes Röhrensystem. Erwärmung des Wassers in einem Kessel bis 100 oder meistens nur auf 80° C, daher große Wassermenge notwendig und weite Röhren (50—60 mm). Das spezifisch leichtere Warmwasser steigt nach oben, fließt durch die Heizkörper, sog. Wasseröfen. Das oberste Rohrstück mündet auf dem Dachboden in einem Expansionsgefäß. Das entwärmte Wasser fließt in ein Sammelrohr, das an der tiefsten Stelle in den Kessel tritt.

Teuere Einrichtung; langsames Anheizen. Leicht Überheizung. Milde, leicht regulierbare, nachhaltige Wärme. Für Privathäuser und öffentliche Gebäude geeignet.

c) Dampfheizung.

Hier wird die Wärme durch Kondensation des Dampfes geliefert. Von dem entfernt vom Hause liegenden Kessel wird der Dampf durch das Hauptrohr zum höchsten Punkt der Anlage und von da durch schmiedeeiserne Rohre in die Zimmer geleitet (Heizkörper: Spiralen, Batterien, Schlangen). Diese Anlage ist besonders zweckmäßig für größere Etablissements, für ganze Stadtviertel. Um 1 kg Wasser von 0° in Dampf von 100° C zu verwandeln, sind 637 Wärmeeinheiten erforderlich. Verwandelt sich 1 kg Dampf in Wasser, so hat letzteres eine Temperatur von 100°, es sind also 537 Wärmeeinheiten durch die Kondensation frei geworden, die zur Heizung verwendet werden.

Bei Fehlern der Ausführung und des Betriebes entstehen Geräusche, ebenso beim Zurückfließen von Kondenswasser in die Dampfröhren.

Für Privatwohnungen kommen fast ausschließlich in Betracht die Niederdruckdampfheizungen.

Worin bestehen die Nachteile der Luftheizung?

Ungenügende Erwärmung tritt bei starkem Wind ein. Anlage ist an sich teuer. Staub und brenzlige Produkte bilden sich bei schlechter Anlage.

Welche Bestimmungen kommen bei der Prüfung von Heizanlagen vom hygienischen Stand aus hauptsächlich in Anwendung?

Die Messung von Temperatur und relativer Feuchtigkeit mehrere Tage hindurch und ev. die Feststellung der Oberflächentemperatur der Heizkörper und Prüfung der Luft auf Kohlenoxyd.

Ventilation.

Wodurch wird die Luft der Wohnräume verunreinigt?

1. Durch die Menschen selbst. Ausscheidung von CO_2, flüchtigen, übelriechenden Stoffen; Produktion von Wärme und Wasserdampf.

2. Durch die Beleuchtungskörper.

3. Durch Verbrauch des Sauerstoffs, ohne daß es jedoch zu einer bedenklichen Verminderung des Sauerstoffgehaltes der Luft kommt.

4. Durch gasförmige Verunreinigungen.

5. Durch erhöhten Staubgehalt der Luft.

6. Durch infektiöse Organismen (Influenza, Diphtherie, Pestpneumonie, Phthise, Masern, Pocken).

Welche Aufgaben hat die Ventilation?

Die Entfernung übelriechender Gase und die Entwärmung der Wohnräume.

Wieviel CO_2 liefert der Mensch im Mittel stündlich?

Ein Erwachsener = 22,6 Liter CO_2. ein Schulkind 10 Liter CO_2.

Im Vergleich dazu: 1 Kerze 12 Liter, 1 Petroleumlampe 60 Liter, 1 Gasflamme 100 Liter CO_2.

Wieviel Luft muß stündlich je einem Menschen zugeführt werden?

= 32 000 Liter oder 32 cbm für einen Erwachsenen, 16 cbm für ein Schulkind.

Welche Arten von Ventilation sind Ihnen bekannt?

1. Die natürliche Ventilation, die hervorgerufen wird durch die Ritzen, Spalten der Fenster, Türen, Böden und durch poröse Baumaterialien. Es spielen dabei eine Rolle die Druckdifferenz von Außen- und Innenluft, die Luftbewegung (Wind), die Temperaturdifferenz zwischen Atmosphäre und Zimmerluft.

2. Die künstliche Ventilation.

Wie bestimmt man die natürliche Ventilationsgröße?

Den Rauminhalt des Zimmers durch Ausmessen der Länge, Breite und Höhe (in Metern) und Multiplikation der drei

Werte bestimmen. Den Kohlensäuregehalt der Zimmerluft künstlich steigern durch Brennenlassen zahlreicher Flammen oder Ausströmenlassen von flüssiger CO_2. Nach Durchmischung der Luft den Kohlensäuregehalt sofort (p_1) und 1 Stunde später, nachdem das Zimmer geschlossen und verlassen war und keine Kohlensäureentwicklung mehr stattgefunden hatte, bestimmen (p_2). In der Zwischenzeit bestimmt man den CO_2-Gehalt in der Außenluft der Zimmerumgebung (a). In 1 Stunde ist dann durch die natürlichen Öffnungen in das Zimmer die Luftmenge x gelangt, die nach der Seidelschen Formel berechnet wird.

$$x = 2{,}303\ m \log \frac{p_1 - a}{p_2 - a}\ \text{cbm.}$$

(m = Inhalt des Zimmers.)

$$\text{Bsp.: } 2{,}303 \cdot 50 \log \frac{2{,}4 - 0{,}3}{1 - 0{,}3}$$

$$x = 2{,}303 \cdot 50 \log \frac{2{,}1}{0{,}7} = 2{,}203 \cdot 50 \log 3.$$

$$x = 2{,}303 \cdot 50 \cdot 0{,}47\,712 = \text{ca. } 55\ \text{cbm.}$$

Den Übergang von der natürlichen zur künstlichen Ventilation bilden Einrichtungen, welche die Zufuhr frischer Luft auf nicht maschinellem Wege hervorrufen. Welche Einrichtungen gehören hierher?

a) Die Firstventilation (zur Lüftung der Krankenbaracken); durch Aufsätze, deren Klappen geöffnet und geschlossen werden können, tritt die verbrauchte Luft aus, während frische Luft durch Öffnungen am Boden der Baracke eintreten kann.

b) Eine Verstärkung der natürlichen Ventilation kann man bewerkstelligen durch klappenartige Öffnungen der oberen Fenster (Kippflügel) oder durch Ausschneiden kreisförmiger Stücke aus den Fensterscheiben, die durch Parallelscheiben geöffnet und geschlossen werden können.

Wie bestimmt man die künstliche Ventilationsgröße?

Man berechnet zunächst den Querschnitt der Luftabführungsöffnung: bei kreisförmigen $= r^2 \cdot \pi$, bei rechteckigem $= h \cdot b$ in m. Man ermittelt dann die Durchschnittsgeschwindigkeit der

Luft an verschiedenen Stellen mit dem Anemometer pro Minute, die mittlere Geschwindigkeit des Luftstromes pro Minute mal Querschnitt = Luftquantum in der Minute, mal 60 = Luftquantum in der Stunde. — Bei der Bestimmung der Durchschnittsgeschwindigkeit mittels Anemometer geht man folgendermaßen vor. Notieren des Standes mit ausgeschaltetem Zählwerk; das Zifferblatt der Lockflamme zugekehrt in die Mitte der Öffnung halten. Nach einer Minute Einschalten des Zählwerks und Ablesen der Uhr; nach 2 Minuten das Zählwerk wieder ausschalten, die Zahl der in 2 Minuten gemachten Umdrehungen ermitteln, durch 2 dividieren und die auf dem Instrument verzeichnete Korrektion zuzählen (z. B. + 9 p. M.)

Bsp.: Vor der Einschaltung zeigt Anemometer 1652, nach 2 Minuten 1934. In der Minute also 141 Umdrehungen + 9 = 150 m.

In gleicher Weise an verschiedenen anderen Stellen die Geschwindigkeit ermitteln, z. B. 131, 143, 142 bzw. 163. Durchschnitt hieraus = 145,8 m. In der Stunde also 0,091 qm · 145,8 · 60 = 796 cbm (bei einem kreisförmigen Querschnitt von 34 cm Durchmesser = $0{,}17^2 \cdot 3{,}14 = 0{,}019$ qm).

Welche Ventilationssysteme unterscheidet man?

Je nach der Stellung des Motors zu dem zu lüftenden Raum unterscheidet man zwei Ventilationssysteme.

1. Das Aspirationssystem (Sauglüftung);
2. das Pulsionssystem (Drucklüftung).

Bei ersterem besorgt der Motor die Abströmung, beim Pulsionssystem die Zuströmung der Luft.

Wo ist das Pulsionssystem kontraindiziert?

Dort, wo es sich um die Ventilation von Räumen in größeren Gebäuden handelt, Räumen, in denen Infektionskeime, schlechte Gerüche usw. in die Luft übergehen (Klosetts, Krankensäle, Sektionsräume).

Welche Motoren stehen für Ventilationszwecke zur Verfügung?

Wind, Temperaturdifferenzen, maschinelle Betriebe.

Man hat verschiedene Apparate konstruiert, mittels welcher die Aspiration bei jeder Windrichtung ausgeübt wird. Welche kennen Sie?

Die Schornsteinaufsätze oder „Saugkappen" (Wolpert, Groves und John) die drehbaren Aspirationsaufsätze, dann die Preßköpfe (Einströmen von frischer Luft, z. B. in den Maschinenraum von Schiffen).

Inwiefern kommen für die Ventilation Temperaturdifferenzen in Frage?

Bei Erwärmung der Luft dehnt sie sich aus, sie wird spezifisch leichter. Es kommen starke Gleichgewichtsstörungen und bedeutende Überdrucke zustande. Somit findet eine Bewegung der Luft statt. Ventilationsanlagen werden vielfach bei der Anlage von Öfen mit ins Auge gefaßt (Pulsionssystem). Sind keine Feuerungen für die Ventilation benutzbar, kann man durch Gasflammen die nötigen Temperaturdifferenzen hervorrufen (Sonnenbrenner-Aspirationssystem).

Wo ist die maschinelle Lüftung anzuwenden!

Bei allen größeren Lüftungsanlagen (Theater, Versammlungsräume), in technischen Betrieben, wo schädliche Gase, Staubarten erzeugt werden, die möglichst schnell fortgeführt werden müssen.

Wird durch die Ventilation Keimfreiheit eines Zimmers bewirkt?

Nein.

Wo sollen im Zimmer die Ventilationsöffnungen angebracht sein?

Man muß hier zwischen Sommer- und Winterventilation unterscheiden.

Bei der Sommerventilation legt man entweder die Einströmungsöffnung ins untere Drittel des Zimmers, die Abströmungsöffnung oben bzw. unten. Es entsteht dabei Zugluft, die als lästig empfunden wird. Oder man bringt die Zufuhröffnung über Kopfhöhe, die Abströmungsöffnung nahe der Decke (nur ausnahmsweise zu benutzen [Wärme, Tabaksrauch].)

Für die Winterventilation ist folgende Anordnung am günstigsten:

Einströmungsöffnung über Kopfhöhe, Abströmungsöffnung im unteren Drittel des Zimmers.

Wie prüft man Ventilationsanlagen auf ihre quantitative Leistungsfähigkeit?

1. Mit dem Differentialmanometer.
2. Mit Hilfe des Anemometers.
3. Durch Kohlensäurebestimmungen, wenn die Ventilation teilweise oder ausschließlioh durch natürliche Öffnungen (Poren, Ritzen) erfolgt.

Dazu kcmmt noch eine Prüfung auf Zugluft.

Entstäubung.

Wie gelangt der Staub in geschlossene Räume?

Mit der Straßenluft, mit Schuhwerk und Kleidern. In Räumen mit starkem Verkehr und in gewerblichen Betrieben kann er sich in großen Mengen ansammeln.

Wie kann man den Staub entfernen?

Unzweckmäßig ist das Ausklopfen der Möbel im Zimmer bei gleichzeitiger Lüftung. Bei glatten Flächen gelingt die Entfernung durch feuchtes Aufwischen. Am besten ist das Absaugen des Staubes (Vakuumstaubapparate).

Es gelingt aber auch noch auf andere Weise, den Staub zu entfernen!

Durch Fixieren desselben am Boden durch staubbindende Öle; am besten werden zur Ölung die leichten dünnflüssigen Maschinen- und Spindelöle (Petroleumdestillate) vom spez. Gewicht 0,89—0,90 benutzt.

Um wieviel Prozent sinkt der Bakteriengehalt der Luft in geölten Räumen im Vergleich zu nicht geölten Räumen?

Um 30—90 %.

Über das Ölen der Fußböden in den Schulen ist ein Erlaß des preuß. Ministers für Medizinalangelegenheiten vom 5. März 1908 herausgekommen. Was wird darin verlangt?

Das Ölen der Fußböden muß bei weichem Holz mindestens 48 Stunden, bei Fußböden aus hartem Holz mindestens 3 Tage vor der Benutzung beendet sein. Vorher gründliches Abwaschen mit warmem Wasser und Seife oder Soda. Tägliche Reinigung geschieht durch Abkehren. Die Erneuerung der Ölung hat bei Holzfußböden alle 8 Wochen, bei Linoleumbelag etwa alle 14 Tage zu erfolgen. Hier Zusatz trocknender Öle, wie Leinöl, zweckmäßig.

Fußböden aus Stein, sowie Treppenstufen aus Stein oder Holz sollen nicht geölt werden (gefährliche Glätte).

Beleuchtung.

Das Licht bzw. das Tageslicht wirkt auf das Wohlbefinden und die Stimmung des Menschen in nicht zu verkennender Weise ein. Welche Wirkung kommt dem Tageslicht sonst noch zu?

Es ist eines der kräftigsten Desinfektionsmittel; es wirkt auf den Stoffumsatz fördernd ein.

Wirkt ein Übermaß von Licht schädlich?

Es kann durch das direkte Sonnenlicht eine Verminderung der zentralen Sehschärfe eintreten. Längere Einwirkung glänzender Flächen bewirkt die sog. Schneeblindheit.

Wo ist die natürliche Beleuchtung am besten, wo am schlechtesten?

Am besten in den oberen Etagen, am schlechtesten in Keller- und Hofwohnungen. Nach Norden liegende Zimmer sind erheblich dunkler als unter sonst gleichen Verhältnissen nach Süden gerichtete.

Wovon ist der Zutritt von Sonnenlicht zu jedem einzelnen Hause abhängig?

Von der Breite und Richtung der Straße.

Es ist unter Umständen auch das reflektierte Licht für die Beleuchtung eines Zimmers zu benutzen. Diese Zufuhr ist aber sehr wechselnd und stets unsicher. Für Schulen kommt sie nicht in Betracht. Welche Forderung muß man hier stellen?

Daß jedem Arbeitsplatz ein bestimmtes Quantum direkten Himmelslichtes zugeführt wird. Die Lichtmenge wird bestimmt durch den Öffnungswinkel, durch den Einfallswinkel und eine tunlichste Breite der lichtgebenden Fläche (Fensterbreite).

Was versteht man unter Öffnungs-, was unter Einfallswinkel?

Der Öffnungswinkel wird begrenzt durch einen unteren, von dem Platz nach der Oberkante des gegenüberliegenden Hauses gezogenen Randstrahl und durch einen oberen, von dem Platze nach der oberen Fensterkante gezogenen und über diese verlängerten Randstrahl (mindestens 4° an ausreichend belichteten Plätzen).

Der Neigungswinkel ist der Winkel, unter dem die Strahlen auf die zu belichtende Fläche auffallen.

Wie mißt man die Belichtungsverhältnisse eines Platzes?

a) Durch Bestimmung der Himmelslichtgrenze (Handspiegelmethode) und der Grenze des oberen Einfallswinkels von 27°, d. h. ob der Einfallswinkel genügend groß ist (Abmessen der Fensterhöhe und des Abstandes des Arbeitsplatzes vom Fenster).

b) Durch Messung des sichtbaren Teiles des Himmelsgewölbes mit dem Raumwinkelmesser (Weber, Moritz-Weber, Thorners Beleuchtungsprüfer).

Beschreiben Sie mir die einzelnen Methoden der Messung des sichtbaren Teiles des Himmelsgewölbes?

1. Webers Raumwinkelmesser. Denkt man sich das Himmelsgewölbe in 41253 Quadrate von 1° Seitenlänge geteilt, die ein fein quadriertes Papier darstellt, vor dem eine Linse verschiebbar ist, durch die das Himmelsgewölbe aufgefangen wird. In der richtigen Brennweite erhält man auf dem Papier die leuchtende Himmelsfläche im verkleinerten Bild, d. h. eine Pyramide, deren Spitze im Auge liegt, deren Seiten durch die vom Auge nach den Rändern der Öffnung und darüber hinaus verlängerten Linien gebildet werden und deren Basis ein bestimmter Teil der quadrierten Himmelsfläche ist, meßbar durch die Zahl der Quadrate. Diesen von den Seiten der Pyramide eingeschlossenen, durch die Zahl der Quadrate meßbaren Winkel nennt man Raumwinkel. Um den Neigungswinkel der Strahlen außerdem zu berücksichtigen, ist die Papierplatte drehbar. Man neigt sie solange, bis das Bild des Himmelsgewölbes gleichmäßig um den Mittelpunkt verteilt ist. An dem seitlich angebrachten Gradmesser liest man den mittleren Neigungswinkel ab. Auf einer beigegebenen Tabelle Ablesen der für den betreffenden Neigungswinkel zu fordernden Quadratgrade. Auszählen der wirklich beleuchteten Quadrate. Multiplikation mit dem Sinus des mittleren Neigungswinkels.

2. Moritz-Webers Raumwinkelmesser. Das Prinzip ist hier folgendes: Denkt man sich einen Leitstrahl vom Arbeitsplatz aus längs der Grenzlinien des von hier aus sichtbaren Teiles des Himmelsgewölbes geführt und bezeichnet man einen in konstantem Abstand auf diesem Leitstrahl gelegenen Punkt, so wird die Projektion des letzteren auf die Tischebene eine Figur ergeben, die ein Maß des auf den Neigungswinkel reduzierten Raumwinkels liefert. Zahl der Quadratzentimeter, die das Bild bedeckt, mit 10,313 multipliziert, gibt den reduzierten Raumwinkel.

3. Thorners Beleuchtungsprüfer beruht darauf, daß das Bild im Brennpunkt einer Konvexlinse von bestimmter Apertur unabhängig von der Entfernung der Lichtquelle immer gleich hell erscheint. Mittels eines kleinen Spiegels wirft man auf dem zu untersuchenden Platze das Bild eines Stückes Himmelsgewölbe auf ein Blatt Papier, das im Brennpunkt der Linse liegt. Die dadurch hier entstehende Figur hat normale Helligkeit. Durch ein Loch im Blatt Papier sieht man auf ein darunterliegendes weißes Stück Papier. Erscheint der kreisförmige Ausschnitt heller als die umgebende Figur, ist der Platz mehr als normal beleuchtet; erscheint er dunkler, ist er schlechter beleuchtet. (Einfache, aber ungenaue Methode.)

Wie bestimmt man die momentan vorhandene Helligkeit eines Platzes?

1. Mit Webers Photometer. Benzin- oder Amylazetatlampe anzünden; Flammenhöhe genau auf 20 mm einstellen (Normalflamme). Diese Flamme brennt in dem einen Arm des Photometers. Die Flamme wirft das Licht auf eine Milchglasplatte im horizontalen Schenkel des Apparates, und diese erlangt auf der abgewandten Seite einen bestimmten Grad von Helligkeit, der zum Vergleich benutzt wird. Die

Milchglasscheibe ist gegen die Flamme durch eine Schraube verschiebbar. An einer Skala kann die Entfernung der Milchglasscheibe von der Flamme abgelesen werden. Bei einer bestimmten Entfernung beträgt die Helligkeit 1 MK. Dieselbe ist beliebig abstufbar. Mit dieser beliebig abstufbaren bekannten Helligkeit vergleicht man nun die zu untersuchende Fläche, z. B. ein weißes Blatt Papier, das auf dem zu untersuchenden Platze liegt. Auf dieses richtet man den anderen Schenkel des Photometers und sieht in dasselbe hinein. Man erkennt zwei konzentrische Kreise, einen Innenkreis, der von dem Licht der weißen Fläche, und einen Außenkreis, der von der leuchtenden Milchglasplatte gebildet wird. Jetzt wird die Milchglasplatte soweit verschoben, bis völlig gleiche Helligkeit beider Kreise erzielt ist. Auch Beobachtung notwendig unter Einschaltung eines farbigen Glases, da Tageslicht und Amylazetat- bzw. Benzinlicht von sehr verschiedener Farbe sind. Abstand der Scheibe von der Lampe ablesen. Berechnung der Helligkeit. Wenn innerer Kreis auch bei maximaler Annäherung noch heller, Platte 1, evtl. Platte 1 und 2 einsetzen, wenn immer noch zu hell, Platte 3, evtl. 3 + 4 + 5, evtl. 4 + 5 + 6 einsetzen.

2. Mit Wingens Helligkeitsprüfer. Weißes Papier auf den zu untersuchenden Platz legen. Apparat auf das Papier stellen. Lampe anzünden. Durchsehen durch das Okular und Regulierung der Flammenhöhe, bis beide beleuchtete Flächen gleichhell sind. Ablesen der Flammenhöhe. Abgelesene Zahl = Zahl der Meterkerzen.

3. Mit Cohns Lichtprüfer. Okulistische Lichtprüfung. Diese Methode bestimmt, wieviel Zahlen einer beigefügten Tabelle in 40 cm Entfernung

von einem gesunden Auge an einem Platze in 30 Sekunden gelesen werden, je nachdem 2 oder 3 graue Gläser vor das Auge gebracht werden. Alle 3 Gläser absorbieren 99% Tageslicht; 2 Gläser 95%, 1 Glas 80%.

Der Platz gilt als vorzüglich beleuchtet, wenn man durch alle 3 Gläser, als gut beleuchtet, wenn man nur durch 2 Gläser, als brauchbar, wenn man nur durch 1 Glas ebensoviel Zahlen in 30 Sekunden liest, wie ohne Gläser. Gelingt dies nicht, so ist er unbrauchbar.

4. Mit Wingens photochemischer Methode.

Welche Lichtquellen kommen für die künstliche Beleuchtung zur Zeit in Frage?

Das elektrische Licht,
,, Petroleumlicht,
,, Gaslicht,
,, Spiritusglühlicht,
,, Azetylenlicht.
($CaC_2 + 2 H_2O = Ca(OH)_2 + C_2H_2$.)

Welche Anforderungen stellt man vom hygienischen Standpunkt aus an eine normale künstliche Beleuchtung?

Sie soll gleichmäßige Helligkeit geben neben möglichst geringer Wärmeproduktion. Die Qualität des Lichtes soll dem Auge zusagen. Die Leuchtmaterialien sollen keine gesundheitsschädlichen Verunreinigungen in die Wohnungsluft übergehen lassen. Die Beleuchtung soll keine Explosionsgefahr herbeiführen; sie soll möglichst billig sein.

Abfallstoffe.

In großen Städten sind besondere Einrichtungen zur Entfernung der Abfallstoffe zu treffen. Es ist notwendig, sich zunächst über die Beschaffenheit der Abfallstoffe zu orientieren. Woraus setzen sich dieselben zusammen?

Aus Harn, Kot, Küchenabfällen, Müll, Kehricht und aus gewerblichen Abgängen und Tierkadavern.

Kennen Sie die von Pettenkofer angegebene annähernde Berechnung der

Auf einen Menschen rechnet man im Jahr 428 kg Harn, 34 kg Kot, dazu kommen 105 kg Küchenabfälle, Haus-

menschlichen Abfallstoffe pro Jahr?

kehricht usw., 36 000 kg Küchen- und Waschwasser.

Was enthalten die Abfallstoffe?

1. Mineralische Stoffe, Kochsalz, Kaliumphosphat, Erdsalze (Blei und Arsen in gewerblichen Abwässern).

2. Organische Stoffe, stickstoffhaltige Substanzen (in Fäzes 2,2% N, im Harn 1,4% N).

3. Saprophytische Bakterien (Gärung und Fäulnisvorgänge erzeugend).

4. Pathogene Bakterien (Mal. Ödem, Tetanus, Diphtherie, Tuberkulose, Pneumokokken, Choleravibrionen, Typhus-, Ruhrbazillen usw.).

In welchen Abfallstoffen sind nun vorzugsweise pathogene Bakterien enthalten?

I. In menschlichen Exkrementen!

a) Fäzes: Choleravibrionen, Typhus-, Ruhr-, Tuberkelbazillen.

b) Harn: Eiterkokken, Milzbrandbazillen, Typhusbazillen usw.

II. In den Hauswässern (Geschirre, Spucknäpfe, Wäsche), z. B. Tuberkelbazillen, Pneumokokken, Diphtheriebazillen, Eiterkokken, die Erreger der Exantheme usw.

III. In den Abwässern aus Schlächtereien und Gerbereien.

IV. Im Stubenkehricht (Tuberkelbazillen, Staphylokokken, Erreger der Exantheme).

V. Im Regenwasser und Straßenkehricht (selten Infektionserreger).

Worin bestehen die Gefahren der Abfallstoffe?

1. Darin, daß sie infolge der in ihnen ablaufenden Fäulnisvorgänge gasförmige Verunreinigungen an die Luft abgeben,

so z. B. in Wohnungen durch unzweckmäßige Abort- und Kanalanlagen;

im Freien durch offene Kanäle, Fäkaldepots, Flüsse.

2. Die Abfallstoffe bringen eine große Menge organische, fäulnisfähige Stoffe und ev. mineralische Gifte in den Boden, ins Grundwasser bzw. in die Flüsse.

3. Die Abfallstoffe vermitteln die Verbreitung von Infektionserregern.

Welche Systeme zur Entfernung der Abfallstoffe kommen in Betracht?

I. Das Abfuhrsystem.
II. Die Schwemmkanalisation.
III. Die Separationssysteme.

Was versteht man unter Abfuhrsystemen und welche Systeme gehören hierher?

Solche Systeme, die mit lokalen Sammelstätten ohne unterirdische, kommunizierende Kanäle arbeiten und vorzugsweise die Fäkalien beseitigen.

Hierher gehört das Grubensystem, das Tonnensystem und die Abfuhr mit Präparation der Fäkalien.

Beschreiben Sie mir das Grubensystem.

Fäkaliensammelstelle = Grube von 2—5 cbm Inhalt mindestens 15 m Abstand vom Brunnen, besonders gegen das Hausfundament abgedichtet. Die Gruben sollen luft- und wasserdicht gedeckt sein. Fallrohr muß undurchlässig sein; es wird zweckmäßig bis über das Dach hinaufgeführt, um die aufsteigenden Grubengase über das Dach zu leiten. Die Entleerung geschieht maschinell.

Dieses System ist hygienisch zulässig, es ist relativ billig, trägt den Forderungen der Landwirte Rechnung.

Wodurch unterscheidet sich das Tonnensystem von dem eben besprochenen Grubensystem?

In einem oberirdischen, gut zugänglichen Raume sind kleine leichttransportable Behälter aufgestellt, in welche das Abfallrohr mündet. Die Behälter müssen häufig gewechselt werden; sie werden in einem Depot entleert. Die Tonnen fassen zwischen 100 u. 300 Liter, sind mit dicht schließendem Deckel versehen, welchen das Fallrohr durchsetzt. In kleinen Städten werden die Tonnen auf den Feldern entleert, in großen Städten werden sie zu den Fäkaldepots gebracht, oder der Inhalt wird zu Poudrette verarbeitet. Die Tonnen müssen desinfiziert werden, weil sonst durch Auswechseln derselben Verschleppung von Krankheitskeimen erfolgen kann.

Ist das Tonnensystem für größere Städte geeignet?

Nein. Es ist für kleine Städte mit leichtem Absatz der abgefahrenen Fäkalien verwendbar; ferner für einzelne etwa schwer zu kanalisierende Teile einer größeren Stadt.

Die Präparation der Fäkalien besteht in einer Desinfektion oder einer Desodorisierung. Was bezweckt eine Desinfektion der Fäkalien?

Sie bezweckt eine Tötung der Infektionskeime; zu benutzen ist Ätzkalk, Chlorkalk oder Mineralsäuren.

Was versteht man unter Desodorisierung der Fäzes?

Beseitigung der übelriechenden Gase, Abtötung der Zersetzungserreger im faulenden Substrat, Ungeeignetmachen des Fäulnismaterials für weitere Zersetzungen.

Wodurch ist die Desodorisierung zu erreichen?

Durch Zusatz von Eisenvitriol und rohem Manganchlorür, welche die Gase (H_2S, $[NH_4]_2$ S und NH_3) binden und die Entwicklung der Fäulnisbakterien hemmen. Kaliumpermanganat ist als Desodorans geeignet; nicht dagegen Karbolsäure.

Neuerdings sind diese Chemikalien durch poröse, feinpulverige Substanzen verdrängt worden, welche auch die riechenden Gase zu binden vermögen, Feuchtigkeit rasch resorbieren und Oxydation veranlassen. Welche Substanzen meine ich?

Holzkohle, Erde, Asche, Torfstreu.

Nennen Sie mir dafür einige Beispiele!

Als Beispiel diene:

1. Das Erdklosett. Vermengung von lehmiger, toniger Gartenerde mit den Fäkalien.
2. Das Aschenklosett.
3. Das Torfklosett. Durch Zusatz von H_2SO_4 oder sauren Salzen (Kainit) läßt sich der Torfmull in ein brauchbares Desinfiziens verwandeln.

Wie läßt sich eine mechanische Absperrung gegen Gerüche erzielen?

Durch Wasser- oder Ölverschluß, durch Saprol, das auf der Oberfläche eine für Gerüche undurchlässige Schicht bildet. Durch Syphonanlagen.

Auf welche Weise versuchte man die Abfuhr rentabel zu machen?

Durch Trennung von festen und flüssigen Teilen mittels Sieben u. a., jedoch ohne Erfolg. Weiter durch Zusatz von Chemikalien und Einschaltung von Klärgruben.

Welche Chemikalien werden verwendet?	Ätzkalk, Magnesia, sauer reagierende Eisensalze bzw. Aluminiumsulfat. Sie rufen in der Jauche voluminöse Niederschläge hervor, die einen großen Teil der landwirtschaftlich verwertbaren Bestandteile enthalten.
Sind diese Verfahren heute noch beibehalten?	Nein, man arbeitet ohne Chemikalienzusatz. Man läßt die Fäkalien in dicht verschlossenen Behältern „ausfaulen".
Genügen die erwähnten Abfuhrsysteme den hygienischen ästhetischen Anforderungen für eine größere Stadt?	Nein. Die Hauswässer sind unberücksichtigt geblieben. Da die Ableitung derselben in oberirdischen Rinnsalen unter Umständen bedenklich erscheint, müssen sie wie die Fäkalien unterirdisch abgeführt werden.
Welches System käme für die gesamten Abfallstoffe daher in Betracht?	Die Schwemmkanalisation, d. h. Sammlung aller Abfallstoffe in unterirdischen Kanälen, Abführung unter natürlichem Gefälle aus dem Bereich der Wohnungen. Bedingung ist ein reichlicher Wassergehalt der Kanaljauche.
Was ist bei der Anlage von Schwemmkanälen zu berücksichtigen?	Die Bodenoberfläche, die Grundwasserverhältnisse, die Bodentemperatur, die Regenmengen, der Verbrauch von Hauswasser und die Zunahme der Bevölkerung.
Welches Material wird für den Bau der Kanäle benutzt?	Für enge Kanäle hartgebrannte, innen glasierte Tonröhren; für größere Kanäle Backstein und Zement. Das Sohlenstück muß undurchlässig aus Steingut oder Beton hergestellt sein, es ist durchzogen von kleinen kantigen Kanälen, die zur Drainage des Grundwassers dienen. Das Lumen der Kanäle wird am besten eiförmig gewählt.
Welche Maße nimmt man für den Durchmesser der Kanäle an?	Die Weite richtet sich nach den zu bewältigenden Wassermassen. Man gibt größeren Kanälen eine solche Weite, daß sie imstande sind, einen Regen von ungefähr 7 mm Höhe in der Stunde zu fassen. Größere Wassermengen werden durch die Notauslässe entleert, d. h. Öffnungen,

die in dem oberen Umfang der Kanäle angebracht sind und welche sie direkt einem Flußlauf, Graben usw. zuführen.

Zwischen welchen Grenzen schwankt die Tieflage der Kanäle?

Zwischen 1,5 und 10 m.

Ist eine öftere Spülung der Straßenkanäle erforderlich?

Ja, bei großen Dimensionen, beim Fehlen von stärkeren Niederschlägen, wenn schlammreiche Abwässer in die Kanäle gelangen.

Welche Zugänge führen zu den Kanälen?

1. Die Straßenwassereinläufe (Schlammkästen),
2. die Einsteigeschächte, die der Revision und Reinigung dienen (Mannlöcher),
3. die Fallrohre der Klosetts,
4. die Rohre für Haus- und Regenwasser.

Wozu dienen die Einsteigeschächte?

Zur Revision und Reinigung, zur Aufnahme und Beseitigung der Sinkstoffe und zur Ventilation der Kanäle.

Ist die Kanalluft infektiös?

Nein, die Kanalluft ist fast keimfrei.

Heute empfiehlt man eine Separation der einzelnen Abfallstoffe. Ist es hygienisch richtig, die Fäkalien gesondert zu behandeln und die Hauswässer mit dem Meteorwasser zusammen oberflächlich abzuführen?

Nein; richtig ist es, Fäkalien, Hauswässer, Meteorwässer von verdächtigen Höfen und Straßenteilen und differente Industrieabwässer zusammenzufassen und unterirdisch abzuleiten, das Meteorwasser aber von Dächern und Straßen und Plätzen, sowie indifferente Industrieabwässer zu vereinigen und oberirdisch fortzuführen. In großen Städten ist eine Einführung eines Trennungssystems nicht gut möglich, da hier Überflutungen der Straßen durch stärkere Niederschläge vermieden werden müssen.

Wie beseitigt man den Kanalinhalt?

Er wird entweder so, wie er ist, oder wenn er nach physikalisch-chemischen oder biologischen Methoden gereinigt ist, in größere Wässer eingeleitet oder auf den Boden gelassen, wo er versickert.

Welche Nachteile entstehen durch das Einleiten von Kanalwasser in die Flüsse?

1. Infektionsgefahr.
2. Gerüche.
3. Evtl. Absterben der Fische.

4. Unmöglichkeit der Benutzung des Flußwassers als Wasch- und Badewasser.

Welche Stoffe sind es, welche das Wasser äußerlich verändern?

Die sog. Sinkstoffe, die zu Schlammablagerungen führen. Weiter kommen in Betracht schwimmende Stoffe, Papier, Fäzes usw.

Es sind zweckmäßig die suspendierten Stoffe, die Schwimmstoffe und auch die gelösten fäulnisfähigen Stoffe zu beseitigen, damit nach dem Einlassen in den Fluß keine stärkere Geruchsentwicklung, Verfärbung und Trübung mehr zu erwarten ist. Wie beseitigt man die Sink- und Schwimmstoffe?

Durch mechanische Klärung: Rechen, Sedimentieranlagen, Sand- oder Schlammfänge, Klärbecken, Klärbrunnen, Klärtürme oder durch chemische Fällungsmittel bzw. durch das Faulverfahren.

Beschreiben Sie mir das Faulverfahren!

In einer Grube lagert sich der Schlamm unten ab, an der Oberfläche bildet sich die sog. Schwimmdecke. Der Schlamm verfällt der anaëroben Fäulnis; der organische N wird zu NH_3 und N, S-Verbindungen zu H_2S reduziert. Zellulose wird unter CH_4-Entwicklung und Bildung von flüchtigen Fettsäuren vergoren. Das Abwasser soll 1—2 Tage im Faulraum verbleiben. Es senken sich 60—70% der ungelösten Stoffe, die Oxydierbarkeit nimmt um 30—50% ab.

Welche Verfahren kommen für die Beseitigung auch der gelösten organischen Stoffe in Frage?

I. Natürliche biologische Verfahren.
   a) Bodenfiltration,
   b) Berieselung,
      α) Oberflächenberieselung,
      β) Überstauung,
   c) die Untergrundberieselung.

II. Künstliche biologische Verfahren.
   a) Degeners Kohlebreiverfahren,
   b) Oxydationsverfahren,
      α) intermittierendes Verfahren (Stauverfahren),
      β) kontinuierliches Verfahren (Tropfverfahren).

Worin bestehen die Nachteile der **Bodenfiltration**?

In der Verschlammung der oberen Bodenschicht, in der anhaltenden Bodenfeuchtigkeit, in der Anhäufung von Nitraten und in den stinkenden Gasen.

Durch Pflanzungen auf dem zur Reinigung benutzten Boden werden diese Nachteile vermieden.

Worin besteht die **Berieselung**?

In einer Art Bewässerung (Oberflächenrieselung) oder Eindringen der Jauche in den Boden (Überstauung); hier ist eine Bodendrainage unerläßlich.

Bei der Berieselung wird die von den gröbsten schwimmenden Teilen befreite Jauche mit natürlichem Gefälle oder durch Maschinenkraft getrieben auf die weiter abseits gelegenen Rieselfelder verteilt.

Entspricht das Berieselungsverfahren den an ein vollständiges Reinigungsverfahren zu stellenden Anforderungen?

Ja, die suspendierten Stoffe und die Bakterien werden vollständig zurückgehalten; die gelösten organischen Stoffe werden um 60—80%, die anorganischen um 20—60% vermindert.

NH_3 und PO_3H bleiben ganz, H_2SO_4 und Cl fast gar nicht im Boden zurück. Kaliverbindungen finden sich im Drainwasser nur in geringen Mengen wieder. Sie werden von den Pflanzen aufgenommen.

Gehen von den Rieselfeldern Gesundheitsstörungen aus?

Nein. Über Belästigungen durch gut bewirtschaftete Rieselfelder wird von den Umwohnern sehr selten geklagt.

Wofür eignet sich die **Untergrundberieselung**?

Für einzelne Häuser bei lockerem Boden.

Degeners Kohlebreiverfahren, das nicht zu den eigentlichen biologischen Verfahren gehört, beseitigt auch die gelösten Stoffe mit Hilfe von Humussubstanzen (feinpulverige Braunkohle). Beschreiben Sie mir dieses Verfahren!

Die gemahlene Kohle wird als dünner Brei zugesetzt ($1^1/_2$—3 kg pro Kubikmeter). Zusatz von Eisenoxydsalzen (2—300 g pro Kubikmeter). Bildung von unlöslichen grobflockigen Niederschlägen mit den Humussubstanzen und Umhüllung aller feinen Schwebeteilchen der Jauche. Scheidung des Niederschlags von der klaren Flüssigkeit im **Rotheschen Turm**. Der Schlamm wird getrocknet, als Brennmaterial oder zur

Herstellung von Gas verwendet. Durch dieses Verfahren werden von den suspendierten Stoffen 93%, von den gelösten organischen 65% beseitigt.

Was wissen Sie von den Oxydationsverfahren?

Hier werden Oxydationskörper aus grobporigem Material (Koks, zerschlagene Ziegel) errichtet, die intermittierend oder kontinuierlich mit den Abwässern beschickt werden. Bei dem intermittierenden Verfahren (Stauverfahren) bleibt das eingestaute Abwasser 1—2 Stunden im „Füllkörper", dann wird das Abwasser abgelassen, und die Poren des Filters werden mit Luft vollgesogen. Nach einigen Stunden Wiederholung.

Bei dem kontinuierlichen Verfahren läßt man das Abwasser langsam durch das freistehende Filter hindurchsickern, um eine Einwirkung des Kontaktmaterials und des Luftsauerstoffs gleichzeitig zu bewirken (Tropfverfahren, Tropfkörper). Dieses Verfahren ist billig, raumsparend und reinigt 3 mal soviel Abwasser als beim Stauverfahren in gleicher Zeit. Durch einen Sprenger, der automatisch beweglich ist, geschieht die Verteilung des Abwassers oder durch Kipptröge, Überlaufrinnen usw.

Worauf beruht die Wirkung der Oxydationskörper (Filter)?

Sie wirken durch Abfiltrieren von Schwebeteilchen, die ein Benetzungshäutchen auf den rauhen Oberflächen bilden, durch Flächenadsorption gegenüber den gelösten organischen Stoffen, durch Adsorption von Sauerstoff, durch dessen Bindung Oxydation auftritt, durch verschiedene Enzyme, durch Mikroorganismen, die auf Kosten der Abwässer wuchern, durch höhere Tiere, Würmer, Insekten, die Stoffe und kleinere Lebewesen verzehren.

Wie ist dann zu verfahren, wenn eine vollständige Beseitigung der Bakterien und Krankheitserreger durch die

Es muß eine gesonderte Desinfektion der Abwässer erfolgen, und zwar stets bei den bereits geklärten Abwässern, z. B. mit Chlorkalk 0,1 pro mille bei 15′

genannten Systeme herbeigeführt werden soll?

langer Einwirkung mit evtl. Neutralisierung durch Eisenvitriol aus Rücksicht auf die Fische.

Wie stellt man die Wirkung einer Reinigungsanlage fest?

Durch Prüfung des ungeklärten und des geklärten Abwassers.

A. Prüfung auf Durchsichtigkeit und Geruch.

B. Zählen von Kulturplatten makroskopisch, mit Lupenvergrößerung und mikroskopisch.

C. Chemische Prüfung:

a) Bestimmung der Oxydierbarkeit mit Kaliumpermanganat,

b) Nachweis von Schwefelwasserstoff:

α) mit Bleiazetatpapier, das in die geschlossene Flasche eingehängt wird. Beobachtung auf Braunfärbung;

β) Zusatz von Caroschem Reagens. Beobachtung auf Blaufärbung.

c) Methylenblauprobe: In 50-ccm-Flasche mit eingeschliffenem Pfropfen 0,3 ccm 0,05%ige wässerige Lösung von alkohol. konz. Methylenblau-B (Kahlbaum). Füllen mit Abwasser ohne Luftblasen. Fest verschlossen halten bei 28—37°. Beobachtung auf Entfärbung.

D. Mikroskopische Untersuchung: z. B. Cladothrix in gestandenem Abwasser, Leptomitus lacteus in mäßig verunreinigtem Abwasser, Beggiatoa alba und Sphaerotilus natans bei stärkerer Verunreinigung.

Der Kehricht kann infektiöse Mikroorganismen beherbergen. Wie soll er behandelt werden?

Sammeln in gedeckten Behältern, vorsichtiges Entleeren. Vernichtung am besten durch Verbrennung.

Was macht man zweckmäßig mit Tierkadavern?

Man schafft speziell die an Infektionskrankheiten verendeten Tiere zur Abdeckerei.

a) Z. B. Kadaver der an Milzbrand, Wut, Rinderpest, Rauschbrand, Rinderseuche, Pyämie, Schweinerotlauf gestorbenen Tiere. Nicht abhäuten.

b) Die abgehäuteten und von Klauen befreiten Kadaver von Tieren, die an Lungenseuche, Tuberkulose erkrankt waren oder in denen Finnen und Trichinen gefunden sind.

c) Kranke Organe, Lebern mit Echinokokken, perlsüchtige Lungen, Karzinome, Aktinomyzesgeschwülste.

d) Alles konfiszierte faule und verdorbene Fleisch verschiedenster Herkunft.

e) Schlachtabfälle von gesunden und kranken Tieren.

Welche Wege gibt es zur sicheren Vernichtung und Beseitigung der nach der Abdeckerei geschafften Kadaver?

1. Tiefes (3 m) Vergraben.
2. Verbrennen in besonderen Verbrennungsöfen.
3. Trockene Destillation mit Auffangen der Produkte.
4. Wasserdampfbehandlung in besonderen Apparaten.

Leichenwesen.

Eine der dringendsten hygienischen Forderungen ist die allgemeine obligatorische Leichenschau, die die Todesursache mit Sicherheit feststellt, Verbrechen aufdeckt und auch für die Prophylaxe von epidemischen Krankheiten von großem Werte ist. Weiter ist zu fordern, daß die Leichen baldigst aus der Wohnung weggeschafft und in den sog. Leichenhallen aufbewahrt werden. Wo sind die Leichenhallen am besten anzulegen?

Auf Friedhöfen.

Wie erfolgt die Leichenbestattung?

Durch Begraben und durch Verbrennen.

Wie geht die Verwesung vor sich?	Durch Fäulnisbakterien tritt Fäulnis ein. An der Zerstörung und Oxydation der organischen Stoffe sind noch tierische Organismen (Fliegenlarven, Nematoden) beteiligt. Letztere bedürfen Feuchtigkeit, Luftzutritt und hohe Temperatur.
Wie lange dauert die stinkende Fäulnis?	3 Monate.
Tritt im Wasser und in nassem Boden eine raschere Fäulnis ein?	Ja. Eine zweiwöchige Wasserleiche ist einer achtwöchigen begrabenen Leiche in bezug auf Fäulnis gleichzusetzen.
Wie geht die Verwesung im trockenen, grobporigen Boden vor sich?	Sehr rasch. Kinderleichen sind in Kies und Sandboden nach vier Jahren, im Lehmboden nach fünf Jahren bis auf die Knochen und amorphe Humussubstanzen zerstört.
Wann tritt Mumifikation der Leichen auf?	Nach Phosphor-, Arsenik- und Sublimatvergiftung; bei trockenem Friedhof, starker Durchlüftung oder zu niederer Bodentemperatur, so daß sich die tierischen Organismen gar nicht, die Fäulnisorganismen nur bis zu einem gewissen Grade an der Verwesung beteiligen (Wüstensand, in tiefen Klostergrüften). Die Leichen werden in eine trockene, schwammige, strukturlose Masse verwandelt, die leicht in Staub zerfällt.
Worauf beruht die Adipocire-(Leichenwachs-)Bildung?	Auf Fett- und Seifenbildung aus Eiweiß oder auf einer Umwandlung des Leichenfettes. Sie tritt ein, wenn die normalerweise wirksamen Organismen, besonders die tierischen, in ihrer Funktion hauptsächlich infolge Luftmangels gehemmt sind. Die Leichenwachsbildung findet man bei Wasserleichen, in nassen Tonboden, in Zementgruben, in hermetisch schließenden Särgen, in alten undurchlässig gewordenen Begräbnisplätzen.
Üben Friedhöfe gesundheitsnachteiligen Einfluß auf die Anwohner aus?	Nein. Fäulnis und Verwesung organischer Substanz verlaufen allmählich, so daß keine Belästigung und Gesundheitsgefahr daraus entstehen können.

Üble Gerüche treten nur in Massengrüften und Katakomben auf.

Wohin gelangen die sich bildenden Zersetzungsgase?

Sie werden vom Boden absorbiert.

Kommen Infektionen durch begrabene Leichen vor?

Nein. Die Infektionserreger sterben entweder bald ab oder werden von Saprophyten überwuchert. Tuberkelbazillen können allerdings noch nach Jahren lebensfähig sein. Typhusbazillen verhalten sich auch ziemlich resistent. Ein Hinausverschleppen von Infektionserregern ist nur möglich durch Vermittlung von Tieren (Ratten, Maulwürfe).

Es kann zuweilen durch die Verwesungsprodukte eine Verunreinigung des Grundwassers erfolgen. Worauf ist also zu achten?

Grundwasser aus der Nähe von Begräbnisplätzen ist zum menschlichen Gebrauch nicht zu verwenden.

Wie soll das Terrain der Begräbnisplätze liegen?

Möglichst freiliegend, am besten auf Sandboden, der mit Lehm gemischt ist. Das Grundwasser soll wenigstens 3 m Abstand von der Bodenoberfläche haben.

Die Wohnhäuser sollen 10 m, Brunnen 50 m Abstand von den Begräbnisplätzen haben.

Wie tief muß ein Grab sein?

1,80 m.

Wann darf in Preußen die Bebauung alter Friedhöfe erfolgen?

40 Jahre nach dem Schluß der Bestattung (20 Jahre würden auch ausreichen).

Eine Ersparnis an Friedhofsgelände, die für große Gemeinden sehr in Betracht kommt, bedeutet die Leichenverbrennung. Wie geht die Leichenverbrennung vor sich?

In besonderen Apparaten mit Siemens-Regenerativfeuerung 800—1000°. Kohlenverbrauch 4—8 Zentner. Leichenverbrennung dauert 2 Stunden.

Was wird mit der Asche der verbrannten Leichen gemacht?

Sie wird meist in Urnen in besonderen Hallen untergebracht.

Die hygienische Fürsorge für Kinder und Kranke.

Bei der hygienischen Fürsorge für Kinder sind das Säuglingsalter, das schulpflichtige Alter und die schulentlassene Jugend gesondert zu besprechen. Ist die Sterblichkeit der Kinder im ersten Lebensjahr eine große?

Ja. In Preußen. 17—21 auf 100 Lebende.

Worauf ist die Abnahme der Säuglingssterblichkeit in Preußen in den letzten 25 Jahren zurückzuführen?

Nicht in der Hauptsache auf unterbliebene hygienische Maßnahmen, sondern auf den Rückgang der Geburtenziffer.

In welchen Ländern ist die Säuglingssterblichkeit geringer als in Preußen?

In den nördlichen Ländern.

Durch welche Krankheiten ist die Kindersterblichkeit vor allem bedingt?

Durch Magen-Darmerkrankungen, besonders in den Sommermonaten, wenn das Wochenmittel der Temperatur sich über 17,5° erhebt.

Im heißen Sommer sterben in Deutschland im Vergleich zu einem kühlen Sommer 10 000 Säuglinge mehr.

Welche Kinder werden besonders leicht ein Opfer der Hitzewirkung?

Die künstlich genährten Kinder.

Von den Flaschenkindern sterben an Darmerkrankungen 11 mal soviel wie Brustkinder.

Welche Bevölkerungsklassen sind ausschließlich an der Hochsommersterblichkeit der Säuglinge beteiligt?

Die weniger bemittelten Bevölkerungsklassen.

Welche anderen Momente kommen noch für die Säuglingssterblichkeit in Betracht?

Überhitzung der Wohnräume, Wachstum von Bakterien in Kuhmilch.

Wie bekämpft man die Säuglingssterblichkeit?

1. Durch Ausschaltung der Hitzewirkung in den Wohnungen (sofort beim Bau zu berücksichtigen).
2. Durch Unterbringen der gefährdeten Kinder in kühlere Räume.
3. Durch rationelle Kleidung, Einschränkung der Nahrung, Stillung des Durstes mit abgekochtem Wasser usw.

4. Ernährung durch Mutterbrust oder, wenn nicht möglich, durch sorgfältige Zubereitung der Milch, durch Benutzung einer Milchküche, durch Kuhmilchersatz, durch Mehlpräparate.

5. Durch Kühlhaltung der künstlichen Nahrung.

Auf welche Weise kann man die Ernährung mit Muttermilch fördern?

1. Durch Belehrung, Kurse, Merkblätter.
2. Durch Stillprämien (Mutterschaftskassen).
3. Durch Beratungsstellen.
4. Durch Stillstuben.
5. In den Krippen.

Wie fördert man die Stillfähigkeit der Frauen?

Durch geeignete Körperpflege und Ernährung schon in der Jugend. Durch Schonung der Frau gegen Ende der Schwangerschaft und im Wochenbett.

(Reichsgewerbeordnung schreibt vor, daß Frauen 14 Tage vor und 6 Wochen nach der Niederkunft nicht in den Gewerbebetrieben arbeiten dürfen.)

Wie hoch ist die Sterblichkeit der unehelichen Kinder im 1. Lebensjahr?

Gegenwärtig noch 40%.

Wie ist sie herabzusetzen?

Durch Aufnahme der unehelichen Mütter mit ihren Kindern in Säuglingsheime oder städtische Asyle.

Was versteht man unter „Kleinkindern"?

Kinder im Alter von $1^1/_2$—6 Jahren.

Die Sterblichkeit nimmt in diesem Alter bedeutend ab. Vom 5. Jahre an wird sie wieder größer. Welche Krankheiten sind hier die Ursache?

Scharlach, Masern, Keuchhusten, Diphtherie, Drüsentuberkulose, exsudative Diathese, Rachitis.

Wie kann man diesen Gesundheitsschädigungen begegnen?

Durch sorgfältige Ernährung, reichliche Körperbewegung, viel Aufenthalt im Freien. Kleinkinder-Fürsorgestellen, Kinderbewahranstalten, Kindergärten.

Was bezwecken die Schulkindergärten?

Die wegen Schwächlichkeit zurückgebliebenen, in der Schule zurückgestellten Kinder sollen hier durch viel Aufenthalt im Freien, gute Ernährung und geeignete Spiele physisch und geistig gebessert werden.

Hygiene.

Welche Forderungen stellen die Eltern an die Schule?	Daß ihre Kinder in der Schule keine besonderen Gesundheitsstörungen davontragen, daß die baulichen Anlagen ohne Beeinträchtigung der Gesundheit benutzbar sind, daß die körperliche und geistige Entwicklung der Schüler nicht geschädigt wird, daß keine Verbreitung von kontagiösen Krankheiten in der Schule stattfindet.
Besprechen wir zunächst die Gesundheitsstörungen, die durch den Schulbesuch hervorgerufen werden können. Welche sind das?	1. Die habituelle Skoliose (individuelle Disposition). 2. Myopie (mangelhafte Beleuchtung, schlechte Körperhaltung beim Lesen und Schreiben). 3. Nasenbluten, Schulkropf. 4. Erkältungskrankheiten. 5. Ernährungsstörungen und nervöse Überreizung. 6. Kontagiöse Krankheiten (akute Exantheme und Diphtherie).
Wie soll ein Schulhaus gebaut sein?	Nicht zu groß, am besten in zwei Stockwerken und im Pavillonsystem. In den meisten Fällen ist man an das Korridorsystem gebunden (Korridor an der einen Längsseite des Gebäudes).
Nach welcher Himmelsrichtung sollen die Fenster liegen?	Nach Norden, wenn die Lage des Gebäudes frei ist. Die Lage nach Westen und Nordwesten ist auch zweckmäßig, wenn am späten Nachmittag kein Unterricht abgehalten wird.
Wie lang und wie hoch soll ein Schulzimmer sein?	9—10 m lang, da, wenn länger, die Tafel zu weit von den Schülern entfernt ist und die Überwachung der Schüler auf Schwierigkeiten stößt. Höhe $3^1/_2$ bis $4^1/_2$ m.
Wie sind die Wände des Zimmers zu streichen?	Mit hellgrauer Öl- oder Leimfarbe.
Wie muß der Fußboden beschaffen sein?	Aus hartem Holz mit Leinöl getränkt, gut gefegt und mit einem staubbindenden unlöslichen Mineralöl imprägniert. (Siehe Entstäubung, Seite 92.)
Wie soll das Licht in den Schulraum fallen?	Nicht von hinten, nicht von rechts, nicht von vorn. Die einzig richtige Beleuchtung ist entweder der Lichteinfall von links oder Oberlicht.

Welche Größe sollen die Fenster haben?

Sie sollen 20% der Bodenfläche des Zimmers betragen.

Welche künstliche Beleuchtung kommt für die Schulzimmer in Frage?

Die indirekte Beleuchtung. Man zwingt durch unter den Lampen angebrachte Reflektoren das Licht zunächst an die hellgeweißte Decke des Raumes oder gegen einen größeren Reflektor, um von da als diffuses Licht in die unteren Partien des Raumes auszustrahlen.

Welche Heizungsanlage ist für Schulzimmer die geeignetste?

Für große Schulen Zentralheizung, und zwar für Schulzimmer die Warmwasser-, die Wasserdampf- und die Niederdruckdampfheizung, für Bibliotheken und für nur wenige Stunden des Tages benutzte Räume die Heizung mit gespanntem Dampf oder heißem Wasser.

Luftheizungen sind weniger zu empfehlen.

Weshalb ist eine fortlaufende Lüftung der Schulräume notwendig?

Zur Erleichterung der Entwärmung und der Wasserdampfabgabe des Kindes, zur Verhütung der Wärmestauung und zur Erhaltung der Frische und Leistungsfähigkeit des Schulkindes.

Wie müssen die Schulbänke beschaffen sein?

Sie müssen

1. die richtige Distanz, d. h. die richtige horizontale Entfernung des vorderen Bankrandes vom inneren Tischrande haben. Die Distanz soll gleich Null oder schwach negativ, z. B. — 2,5 cm sein;
2. die richtige Differenz, d. h. den richtigen vertikalen Abstand des inneren Tischrandes von der Bank haben;
3. die richtige Sitzhöhe haben.

Worin bestehen die Nachteile der Minusdistanz?

Die Schüler können nur schwer in die Bank hinein- und herauskommen, können auf ihrem Platz nicht aufstehen.

Wie sucht man diesem Übelstande abzuhelfen?

1. Die Bänke werden nur zweisitzig gemacht,
2. die Tischplatte muß zurückklappbar oder verschiebbar sein, oder
3. die Sitze werden beweglich eingerichtet.

Welcher Körperlänge muß die Sitzhöhe der Bänke entsprechen?	Der Länge des Unterschenkels vom Hacken bis zur Kniebeuge = $^2/_7$ der Körperlänge.
Wodurch, d. h. durch welche Lehne wird die beste Stütze des Oberkörpers erreicht?	Durch eine Kreuzlehne.
Wie soll die Tischplatte der Bank beschaffen sein?	Sie soll einen horizontalen Teil (für Tintenfässer) und einen vorderen geneigten Teil enthalten (35—40 cm breit).
Welche Schrift scheint als die natürlichste?	Bei gerader Körperhaltung erscheint eine gerade mediane Lage des Heftes (vor der Mitte des Körpers) und eine Schrift von links oben nach rechts unten oder wenigstens eine gerade Rechtslage des Heftes und eine fast senkrechte Schrift (Steilschrift) als die natürlichste. Die rechtsschiefe Schrift ist bei medianer Lage des Heftes nur mit ermüdender Beugung des Handgelenks möglich, bei gerader oder schiefer Rechtslage des Heftes nur unter Verdrehung des Kopfes und des Oberkörpers oder der Augen. Anzustreben ist ausgedehnter Gebrauch der deutlich wahrnehmbaren lateinischen Lettern.
Für die äußere Instandhaltung der Schule ist ein sachverständiges Personal notwendig, das die Heizung und Reinigung der Schule besorgt. Was ist weiter für den richtigen Betrieb des Unterrichts notwendig?	Die Regelung der zulässigen Zahl von Schulstunden, des richtigen Maßes der häuslichen Aufgaben; Zwischenpausen nach jeder Schulstunde und körperliche Übungen.
Wie prüft man die geistige Übermüdung der Schüler?	1. Mit dem Ästhesiometer. Man ermittelt, in welchem Abstande noch 2 Zirkelspitzen auf der Haut als getrennt empfunden werden. Der Abstand wächst bei geistiger Ermüdung um das 2—4fache. 2. Durch Mossos Ergograph. 3. Durch einfache Rechenexempel, die man am Schluß jeder Stunde gibt.

4. Durch Prüfung der Kombinationsfähigkeit durch sog. Ergänzungsaufgaben.

Was bestimmt das Reichsseuchengesetz vom 28. Aug. 1905 zur Verhinderung ansteckender Krankheiten in der Schule?

Daß Kinder aus Behausungen, in denen eine Erkrankung an Cholera, Lepra, Fleckfieber, Pest, Pocken, Diphtherie, Scharlach, Ruhr, Typhus, Rückfallfieber vorgekommen ist, vom Schulbesuch ferngehalten werden müssen, solange eine Weiterverbreitung der Krankheit durch die Schulkinder zu befürchten ist.

Wie sucht man die Ernährung unterernährter Schüler zu unterstützen?

Durch Schulspeisung, ev. Speisung in sog. Kinderhorten.

Nimmt man sich auch der körperlich zurückgebliebenen Kinder an?

Ja. Man bringt sie in die sog. Ferienkolonien, wo die Schulkinder längere Zeit unter Aufsicht eines Lehrers oder einer Lehrerin zubringen. Evtl. kann die Aufnahme in ein Sanatorium erfolgen. Die in der Stadt verbliebenen Kinder werden tagsüber ins Freie geführt.

Wer übernimmt die Überwachung der hygienischen Einrichtungen der Schule, wer sorgt für die prophylaktischen Maßnahmen bei Infektionskrankheiten und für eine regelmäßige Kontrolle des Gesundheitszustandes der Schüler?

Der Schularzt.

Worauf hat sich die Tätigkeit der Schulärzte zu erstrecken?

Auf die Untersuchung der neu eingeschulten Kinder auf Größe, Gewicht, Ernährungszustand, Reinlichkeit, Fehler der Sinnesorgane, des Nervensystems, auf die geistige Reife.

Jährliche Nachuntersuchungen sind notwendig. Ein- bis zweimal im Halbjahr sind die Klassen zu besuchen. Weiter hat der Schularzt die Auswahl der Kinder für den Besuch der Hilfsschulen, für Waldschulen, Ferienkolonien, Schülerwanderungen usw. zu entscheiden. Er hat mitzuraten bei der Berufswahl der vor der Entlassung stehenden Kinder.

Ferner hat er die Hygiene des Schulhauses und die technischen Betriebseinrichtungen zu überwachen.

Zur Seite stehen den Schulärzten die Schulschwestern.

Die Untersuchung und Behandlung der Zähne erfolgt in Zahnkliniken.

Der Schularzt, der am besten keine weitere Beschäftigung als Arzt versieht, ist in größeren Städten dem Stadtarzt unterstellt. Welche Tätigkeit hat dieser?

Er überwacht die gesamten kommunalen gesundheitlichen Einrichtungen, wie Seuchenbekämpfung, Impfgeschäft, Fürsorgedienst usw.; er ist zugleich Mitglied des Magistrats, der Schul- und Armendeputation.

Wovor soll die Hygiene des Unterrichts die Kinder bewahren?

1. Vor zu frühem Eintritt in die Schule (nicht vor vollendetem 6. Lebensjahr).

2. Vor Überbürdung.

3. Vor zu großer Hausarbeit.

4. Vor zu langem Unterricht. In niederen Klassen zweckmäßig Vor- und Nachmittagsunterricht; in höheren Klassen 5—6 Stunden Vormittagsunterricht mit den üblichen Zwischenpausen 10 bis 15 Minuten nach jeder Stunde.

5. Auf Befreiung schwächlicher Kinder vom Turnen, unmusikalischer Kinder vom Gesangsunterricht hat sich die Hygiene des Unterrichts weiter auszudehnen.

Welches Alter umfaßt die schulentlassene Jugend?

Das Alter vom 14.—18. Lebensjahr.

Es müssen in diesem Alter für den Körper schädliche Einflüsse ferngehalten werden. Welche Schädlichkeiten kommen in Betracht?

Die Arbeit im Staubgewerbe, mit giftigen Materialien, hohe Temperaturen, Überanstrengungen, übermäßige Arbeitsdauer, ungünstige Arbeitsräume, Alkoholmißbrauch.

Wie stellt man die Übel ab?

Durch Suchen eines geeigneten, zusagenden Berufes, Unterstützung durch Jugendfürsorgestellen, Lehrwerkstätten, Fachschulen, Fortbildungsschulen.

Wie wird bei den weiblichen Jugendlichen die wirtschaftliche Ausbildung in die Wege geleitet?

In Koch- und Haushaltungsschulen, in Fortbildungsschulen, die sich mit den Aufgaben der Haushaltsführung und mit den Aufgaben der Frau als Mutter und Erzieherin beschäftigen.

Auf dem Lande in landwirtschaftlichen Haushaltungsschulen.

Was ist weiter noch zu berücksichtigen?

Eine Besserung der Wohnungsverhältnisse durch Heime für jugendliche Arbeiter und Arbeiterinnen (Lehrlings- und Mädchenheime).

Was ist alles beim Bau eines Krankenhauses ins Auge zu fassen?

1. Die Wahl des Platzes.

2. Ein reichliches Gartenland um die Krankenhausbauten (pro Bett 100 qm Baugrund und 10 qm Garten).

Welche Gebäude sind beim Bau eines Krankenhauses vorzusehen?

1. Die Verwaltungsbüros mit den Wohnungen der Verwaltungsbeamten.

2. Räume für den Wirtschaftsbetrieb.

3. Das Leichenhaus und pathologische Institut.

4. Gebäude für ansteckende Kranke und die Desinfektionsanstalt.

5. Die eigentlichen Krankensäle und Krankenzimmer, sowie Wohnungen für Ärzte und Wartepersonal.

Welche Grundformen des Gebäudes unterscheidet man?

1. Das Korridorsystem (Linienform, H-form oder Hufeisenform, zuweilen auch geschlossenes Viereck oder Kreuzform).

2. Das Pavillonsystem:

a) Baracken (Pavillons von nur einem Stockwerk).

b) Baracken oder Pavillons mit zwei Stockwerken.

c) Blocks, Gebäude mit mehreren Stockwerken.

Beschreiben Sie mir kurz den Bau der Baracken!

Sie enthalten außer dem Krankensaal für 10—16 Kranke noch kleinere Krankenzimmer, einen Raum für den Wärter, eine Teeküche (Spülküche), Klosett mit Vorraum für Stechbecken, evtl. einen Tagesraum. Die Fenster sollen mindestens $^1/_7$ der Bodenfläche betragen. Für jedes Bett ist in mehrbettigen Zimmern ein Luftraum von 30 cbm bei 7,5 qm Bodenfläche zu rechnen, in einbettigen Zimmern 40 cbm bei 10 qm Bodenfläche. Als Baumaterial empfiehlt sich künstliches Steinmaterial; Wände, Decken und Fußböden müssen luft- und wasserdicht sein. Ölfarbenanstrich ist zu bevorzugen. Für den Fußboden empfiehlt sich hartes, mit Leinöl getränktes Holz oder Asphalt oder Mettlacher Fliesen bzw. Terrazzo.

Welche Heizung ist anzubringen?

Luftheizung mit Dampfheizung oder Öfen. Fehlt Luftheizung, so muß die Warmwasser- oder Niederdruckdampfheizung mit Luftzufuhr verbunden werden. Für Baracken empfiehlt sich auch die Fußbodenheizung.

Wie soll das Mobiliar beschaffen sein?

Es soll möglichst wenig zu Staubablagerungen Anlaß geben, leicht zu reinigen und zu desinfizieren sein. Die Betten bestehen möglichst aus eisernem Gestell, das mit heller Ölfarbe gestrichen ist.

Worüber muß ein jedes Krankenhaus verfügen?

Über eine Desinfektionsanstalt mit einem geschulten Desinfektor und über Isolierspitäler, speziell für Kranke, die eine besondere Infektionsgefahr bieten (Pocken, Fleckfieber, Cholera z. B.). Das Wartepersonal ist unbedingt mit dem Kranken zu isolieren.

Welche Baracken kommen für diesen Zweck der Isolierung in Betracht?

Zur Benutzung kommen

1. die zusammenlegbaren und transportablen aus einem Holzgerüst bestehenden Baracken, das außen und innen mit gefirnißtem und feuersicher imprägniertem Leinen überzogen ist. Zwischen dem äußeren und inneren Überzug ist eine Lage Filz, Korkmasse, Kieselgur usw. (Döcker's Baracke),

2. die Wellblech-Baracken (Grove),

3. oder die Baracken von zur Nieden: Wände, Holzrahmen inwendig mit Leinen, außen mit Dachpappe überspannt, werden in ein eisernes Gestell eingesetzt.

Gewerbehygiene.

Die sog. Gewerbekrankheiten sind mit Bestimmtheit auf die Beschäftigungsweise der Erkrankten zurückzuführen; oft tragen nebenbei Mängel der Wohnung, Nahrung, Hautpflege usw. die Schuld. Worin besteht hier eine lohnende Aufgabe der öffentlichen Gesundheitspflege?

Die Gewerbekrankheiten womöglich ganz zu vermeiden oder doch wenigstens auf ein Minimum zu reduzieren.

Wie hat man den Einfluß der verschiedenen Gewerbe und Berufsarten auf die Gesundheit festzustellen versucht?

Auf statistischem Wege (Unfallversicherungen und Krankenkassen geben gut zu verwertendes Material) und durch Vergleichung der Mortalität der verschiedenen Berufsarten unter Berücksichtigung der Altersklassen.

Die ungünstige soziale Lage der Arbeiter führt zu allgemeinen Schädlichkeiten und Mißständen. Welche z. B.?

Zu ungünstigen Wohnungsverhältnissen, zu schlechtem Ernährungszustand, zum Alkoholismus.

Die Arbeiterhygiene findet also genug Angriffspunkte, wo sie einsetzen und Gutes wirken kann.

Wie hat sie zu sorgen in puncto „Wohnungsfrage"?

Die Arbeiterwohnungen sind gesund anzulegen, mit Wasserleitung und Kanalisation zu versehen. Zu erstreben sind die Einzelarbeiterwohnungen, die allmählich bei relativ geringen jährlichen Abzahlungen in den dauernden Besitz der Arbeiter übergehen.

Bei Massenwohnungen soll jede Wohnung enthalten: Wohnzimmer, Schlafzimmer, Kammer, Abort, Keller, Speicher und evtl. ein kleines Gärtchen.

Wie soll die Ernährung des Arbeiters sein?

Relativ billig, dabei reich an Nährstoffen. Die Arbeiter müssen über den Nährwert, die Preiswürdigkeit und die zweckmäßige Zubereitung der Lebensmittel (Haushaltungs- und Kochschulen) unterrichtet werden. Arbeiterkonsumvereine und Volksküchen müssen eingerichtet werden. Das Freibankwesen muß weiter ausgestaltet werden.

Wie läßt sich dem Alkoholmißbrauch entgegenarbeiten?

Durch Belehrung, durch Einrichtung von Volksküchen, Kaffeehäusern. Durch Verabreichung eines billigen alkoholfreien Genußmittels, evtl. eines leichten Bieres.

Wie hat man den schlimmen Folgen der vorübergehenden oder dauernden Erwerbsunfähigkeit der Arbeiter vorgebeugt?

Durch Einrichtung von Krankenkassen sowie Unfall-, Alters- und Invaliditätsversicherung.

Wodurch kommt der unmittelbar gesundheitsschädliche Einfluß der Beschäftigung zustande?

1. Durch ungenügende Rücksichtnahme auf Alter- und Körperbeschaffenheit.
2. Durch hygienisch ungenügende Beschaffenheit der Arbeitsräume.
3. Durch einseitige Muskelanstrengung und die Körperhaltung bei der Arbeit.
4. Durch starke Lichtreize.
5. Durch gesteigerten Luftdruck.
6. Durch ungewöhnliche Temperaturen.
7. Durch eingeatmeten Staub.
8. Durch giftige Gase.
9. Durch giftiges Arbeitsmaterial.
10. Durch Kontagien.
11. Durch Unfälle.

Was bestimmt die Verordnung vom 23. November 1918 bezüglich der täglichen Arbeitszeit aller Arbeiter?

Dass die regelmässige tägliche Arbeitszeit ausschliesslich der Pausen die Dauer von 8 Stunden nicht überschreiten darf.

Welche Anforderungen stellt man an die Arbeitsräume?

Sie sollen, was Ventilation, Heizung und Beleuchtung betrifft, zu keinerlei hygienischen Bedenken Anlaß geben.

Welche Gesundheitsstörungen werden durch die Muskelarbeit und die Körperhaltung hervorgerufen?

Durch Druck auf das Handwerkszeug entstehen in der Hand Schwielen, Blasen, chronische Entzündung evtl. Schleimbeutelentzündung, Vertiefungen des Sternums bei Schustern. Gelenkentzündungen, Sehnenscheidenentzündungen usw. entstehen bei fortgesetzter Anstrengung derselben Muskelgruppen (Schreibkrampf). Zuweilen kommt es zur Hypertrophie bestimmter Muskelgruppen.

Varizen, Ödeme usw., O- und X-Beine, Plattfüße werden durch langes Stehen bedingt.

Zirkulationsstörungen stellen sich bei sitzender und gebückter Haltung ein. Überanstrengung führt zur Schwächung der Gesundheit.

Welche Störungen resp. Schädigungen der Sinnesorgane sind als Gewerbekrankheiten anzusprechen?

A. Schädigungen resp. Gefährdung des Auges.

1. Myopie bei ungenügender Beleuchtung.

2. Nystagmus bei mattem Licht (Kohlenhauer).

3. Überreizung des Auges durch grellen Wechsel zwischen Hell und Dunkel.

4. Konjunktivitis, Blepharitis durch mechanische Insulte (Gase, Staub, Steinsplitter).

B. des Gehörs durch

1. anhaltende betäubende Geräusche,

2. Aufenthalt in komprimierter Luft.

Wie schützt man sich gegen die Augenschädigungen?

Durch Schutzbrillen.

Bei welcher Beschäftigung wirkt der gesteigerte Luftdruck schädlich ein?

Bei Taucharbeiten, z. B. bei der Fundierung von Brückenpfeilern, beim Schleusen-, Brunnen- und Tunnelbau.

Welche Vorsichtsmaßregeln sind bei Taucharbeiten usw. anzuwenden?

Der Einstieg in die Caissons muß langsam erfolgen (in 4 Minuten Anstieg um 1 Atmosphäre). Ganz besondere Vorsicht ist beim Aufstieg erforderlich. Hier soll sich der Abfall um 1 Atmosphäre im Mittel in 15—20 Minuten vollziehen, bzw. in der ersten Hälfte innerhalb 8, in der zweiten Hälfte innerhalb 30 Minuten.

Bei zu raschem Aufstieg kommt es zur Entladung von gasförmigem Stickstoff, der in der komprimierten Luft in größerer Menge von Blut und Gewebsflüssigkeiten aufgenommen wurde. Die Gewebsspalten des Fettgewebes, ferner das Rückenmark sind besonderen Schädigungen ausgesetzt. Todesfälle durch Luftembolie nicht ausgeschlossen.

In welchen Gewerbebetrieben kommen hohe Temperaturen vor, die gesundheitsschädigend wirken?

A. Strahlende Wärme bei Heizern, Glasarbeitern, Schmelzern, Gießern, Schmieden, Bäckern. Hier wird die Hitze noch gut ertragen.

B. Temperaturen von 25—30° und darüber und gleichzeitig hohe Luftfeuchtigkeit wirken nachteilig auf das Allgemeinbefinden.

1. in Bergwerken,
2. bei Tunnelbauten,
3. in Färbe-, Dekatier- und Appreturwerkstätten, Kammwoll-, Baumwoll- und Flachsspinnereien und Webereien, in den Drehersälen der Porzellanfabriken.

Welche Schutzvorrichtungen sind in derartigen Betrieben einzurichten?

Genügende Ventilation, elektrische Beleuchtung, Umhüllung der Dampfleitungen mit Wärmeschutzmitteln, Ummantelung der Öfen.

Weiter führen viele Gewerbebetriebe zur Entwicklung von Staub. Die Arbeiter sind einer steten Staubinhalation ausgesetzt. Zu welchen krankhaften Veränderungen kommt es?

Zu Einlagerungen der Staubteilchen in die Schleimhäute, Lymphbahnen des Lungenparenchyms und in die Bronchialdrüsen (chron. Bronchialkatarrh, Lungenemphysem, interstitielle Pneumonie, Lungentuberkulose nach Aufnahme von Tuberkelbazillen).

Welche Staubarten kommen für die Schädigung der Gesundheit der Arbeiter besonders in Betracht?

Kohlenstaub, Eisenstaub, Schleifstaub (Quarzstaub, Tonstaub, Glasstaub, Kalkstaub, Gipsstaub), Mehlstaub, Tabakstaub, Staub in Baumwoll- und Wollspinnereien, Staub von tierischen Haaren (Bürstenbinder usw.). Belästigender Staub bildet sich bei der Bearbeitung der Bettfedern, bei der Bearbeitung des Holzes (Bleistiftfabriken).

Wie schützt man die Arbeiter gegen die Staubinhalation?

1. Indem man die Staubentwicklung möglichst einschränkt.
2. Indem man den gebildeten Staub sofort durch Absaugen entfernt.
3. Indem die Arbeiter in der staubhaltigen Luft Respiratoren anlegen (Staubmasken).

Wie hindert man die Staubentwicklung?

Durch Befeuchten des Materials, durch Anwendung von Kugelmühlen (Pochwerke).

Wie entfernt man den sich bildenden Staub am besten?

Durch kräftige Luftströme. Die Abströmungsöffnung muß direkt am Arbeitsplatz liegen, damit es nicht zu Staubverbreitung im Raume kommt (Exhaustoren).

Welche irrespirablen und toxischen Gase wirken oft schon in kleinen Mengen gesundheitsschädigend?

H_2S, SO_2, CO,
CS_2, AsH_3, NH_3,
Cl- und Br-Dämpfe,
Dämpfe von N_2O_3 und N_2O_5.

Welche Mengen von den genannten Gasen werden ohne schwere Störungen vertragen?

0,004‰ Cl oder Br.
0,3‰ NH_3,
0,05‰—0,1‰ HCl,
0,2—0,3‰ H_2S,
0,05‰ H_2SO_3.

Welche Mengen bedingen aber rasch gefährliche Erkrankungen?

Cl 0,04—0,06‰.
NH_3 2,5—4,5‰,
HCl 1,5—2,0‰,
H_2S 0,5—0,7‰,
H_2SO_3 0,4—0,5‰.

Wie entfernt man die Gase und Dämpfe?

An Ort und Stelle durch Bindung mit chemischen Agentien, durch Exhaustoren und Einleiten der abgesaugten Luft in besondere Anlagen, z. B. bei HCl- und SO_2-Gas durch Kokstürme mit Wasserberieselung.

Weiter können Gesundheitsschädigungen durch Aufnahme von Giftteilchen bei Bearbeitung von giftigem Material sich einstellen. Welche verschiedenen Wege kommen hier in Frage?

Aufnahme des Giftes.
1. durch Einatmung von Staub und Dämpfen,
2. durch Hantierungen und Berührungen,
3. von Hautwunden und Schrunden.

Welche Stoffe im Gewerbebetrieb veranlassen hauptsächlich solche Vergiftungen?

Blei, Zink, Quecksilber, Phosphor und Arsen.

Welche wertvollen objektiven Frühsymptome kennzeichnen eine Bleivergiftung?

Die basophile Körnelung der roten Blutkörperchen; Hämatoporphyrie im Harn.

Nennen Sie mir einige Betriebe, in denen die Arbeiter der Bleivergiftung ausgesetzt sind?

In den Hütten beim Rösten und Schmelzen der Erze, im Druckereigewerbe und in solchen Betrieben, in denen Bleiverbindungen und Oxydationsstufen des Bleis hergestellt und verarbeitet werden.

Welche Industrieerzeugnisse enthalten Blei?

Z. B. Mennige, Glasur der Töpferwaren (irdenes Kochgeschirr, Bunzlauer Geschirr und Fayencewaren). Emaillierte Eisenwaren enthielten früher bleihaltige Glasur, jetzt enthalten sie Zinnoxyd mit Spuren von Blei.

Welche Vorsichtsmaßregeln sind in derartigen Gewerben anzuwenden?

Sauberkeit, Wascheinrichtungen, Bäder, besondere Speiseräume, häufiger Austausch der zu den gefährlichen Beschäftigungen benutzten Arbeiter, öftere Untersuchung der Arbeiter, frühe Ausscheidung der Erkrankten, Blutuntersuchung.

Wodurch ist das Publikum vor Gesundheitsschädigungen, die durch bleihaltige Gegenstände hervorgerufen werden, geschützt?

Durch das Reichsgesetz von 1887.

Weiter kommt die Gefährdung der Arbeiter durch Kontagien in Frage. Wann sind die Arbeiter dieser Gefährdung ausgesetzt?

Wenn sie mit kranken Arbeitern zusammenarbeiten, wenn sie in infizierten Arbeitsräumen arbeiten oder mit Objekten hantieren, die infiziert sind.

Welche Krankheiten spielen da eine Rolle?

Die Tuberkulose, die Syphilis (Glasbläser), Typhus (infiziertes Trinkwasser, Kontaktinfektionen [Typhusbazillenträger]), Anchylostomiasis.

Was kommt als kontagiöses Arbeitsmaterial in Betracht?

1. Material, das von erkrankten Menschen stammt (z. B. bei Lumpensortierern, Trödlern, Arbeitern in Kunstwollfabriken und in Bettfederreinigungsanstalten).

2. Material von mit Zoonosen behafteten Tieren (Schlachter, Abdecker, Gerber, Seifensieder, Kürschner, Haar-, Borsten-, Pinselfabriken, Bürstenfabriken [Milzbrand und Rotz]).

3. Material, das mit einem Gemenge der verschiedensten Bakterien verunreinigt ist.

Weitere Schädigungen der Arbeiter sind auf Unfälle im Betriebe zurückzuführen. Welches sind die wichtigsten Unfälle?

1. Unfälle in den Bergwerken:

a) beim Hereinbrechen von Gesteins- und Kohlenmassen (40%).

b) Durch Sturz und Beschädigung beim Ein- und Ausfahren (24%).

c) Durch schlagende und böse Wetter (11%).

2. Unfälle durch explosionsfähiges Material (Kohlenstaub, Mehlstaub, Staub in Kunstwollfabriken, Pulver-,

Patronen und Zündhütchenfabriken, Dynamitfabriken).

3. Unfälle durch Maschinenbetrieb. Es müssen die Schwungräder geschützt, die Wellen, die Riementransmissionen mit Schutzkästen versehen sein. Die Arbeiter sollen eine möglichst eng anliegende Kleidung tragen.

Die Betriebe, Fabriken können auch die An- und Umwohner in ihrer Gesundheit schädigen und belästigen. Wodurch?

Bedrohung mit Explosions- und Feuersgefahr, durch Lärm, Produktion schädlichen Staubes, giftiger Gase und Dämpfe, Verunreinigung des Bodens und der vorhandenen Flußläufe, durch direkte Verbreitung von Infektionsträgern, welche mit den Materialien in die gewerblichen Anlagen hineingelangen, z. B. bei Verarbeitung von Fellen, Lumpen, Knochen usw.

Wodurch wird eine direkte Schädigung der Anwohner von Fabrikbetrieben herbeigeführt?

Durch die kolossale Produktion von Rauch und Ruß, durch giftige Gase (Hüttenwerke liefern schweflige Säure, ebenso die Ultramarinfabriken, Alaunfabriken und die Hopfenschwefeldarren).

Üble Gerüche liefern die Knochendarren, Knochenkochereien, Darmsaitenfabriken, Leimsiedereien, Kautschuk-, Wachstuch- und Dachpappenfabriken.

Welche Pflichten haben die Fabrikinspektoren?

Kontrolle sämtlicher Einrichtungen zum Schutz der Umwohner und zur Sicherung der in den Fabriken beschäftigten Arbeiter. Weiter haben sie ihr Augenmerk auf die Sicherheit des Betriebes für die Arbeiter und auf die Anbringung von Schutzvorrichtungen zu richten. Auch haben sie darauf zu achten, daß Belästigungen, die ein Fabrikbetrieb mit sich bringt, von den Anwohnern ferngehalten werden, ferner haben sie die Aufgabe, die Beschäftigung der jugendlichen Arbeiter und Frauen zu überwachen.

Bakteriologie.

Allgemeiner Teil.

Allgemeines über Morphologie und Biologie der Bakterien.

Was bezeichnet man als Mikroorganismen?

Kleinste einzellige nur mit starker mikroskopischer Vergrößerung erkennbare Lebewesen (einzellige Pflanzen und Tiere).

Zu den Pflanzen rechnet man die Fadenpilze und die Spaltpilze (Bakterien); zu den tierischen einzelligen Lebewesen die Protozoen.

Welche einzelnen Gruppen der Mikroorganismen lassen sich aufstellen?

1. Bakterien (Spaltpilze, Schizomyzeten),
2. Streptotricheen (Strahlenpilze),
3. Schimmel- und Fadenpilze,
4. Sproßpilze, Blastomyzeten,
5. Spirochäten,
6. Protozoen,
7. die submikroskopischen Krankheitserreger.

Welche 3 Hauptgruppen der Bakterien unterscheidet man nach der Form (Ferdinand Cohn)?

1. Die Kokken; runde Gebilde einzeln oder in Verbänden.
2. Die Bazillen; gerade gestreckte oder etwas gekrümmte Stäbchen, von verschiedener Länge und Dicke mit scharfen oder abgerundeten Enden, einzeln oder in Verbänden.
3. Die Spirillen; schlanke und plumpe Formen mit einer oder mehreren Schraubenwindungen (korkzieherartig).

Bei flach gewundener Schraube = Vibrio; bei sehr zahlreichen Windungen = Spirillum.

Beschreiben Sie mir den Bau eines Bakteriums!	Der Bakterienleib enthält die Kernsubstanz (Chromatin in Mischung mit dem Protoplasma [Entoplasma]). Es besteht eine chemische, nicht aber eine morphologische Differenzierung zwischen Protoplasma und Kernsubstanz. Außerdem besitzt er eine äußere Hülle, das Ektoplasma, von dem die Bewegungsorgane, die Geißeln, entspringen. Zuweilen im Bakterienleib Verdichtungen des Protoplasmas (Polkörper, Babes-Ernstsche Körnchen bei Diphtheriebazillen. Bei manchen Bakterien finden sich im Protoplasma Einlagerungen, z. B. von Stärke, von Schwefelkörnern (Schwefelbakterien), von Eisenoxyd (Eisenbakterien).
Was sind Sporen?	Dauerformen von Schimmel-Sproß- und Spaltpilzen, die der Erhaltung der Art dienen. Sproß- und Spaltpilze zeigen nur die endogene Form der Sporenbildung.
Wann werden Sporen gebildet?	Unter dem Einfluß des Alters, der Erschöpfung oder plötzlich eintretender ungünstiger Lebensbedingungen.
Wie sehen die Sporen aus?	Sie stellen stark lichtbrechende, kugelige oder elliptische Gebilde dar, die aus einem Innenkörper, auch Glanzkörper genannt, und einer Sporenmembran bestehen (mittelständig beim Milzbrandbazillus, endständig beim Tetanusbazillus [Trommelschlägelform]).
Sind Sporen sehr resistent gegen äußere Einflüsse?	Sie sind sehr widerstandsfähig gegen Eintrocknung, Hitze, Kälte und Chemikalien.
Ist es gelungen, aus sporentragenden Bakterien sporenfreie sog. asporogene Bakterien zu erhalten?	Ja, durch langdauernde Fortzüchtung auf künstlichen mit Natronlauge, Rosolsäure, Safranin, Malachitgrün usw. versetzten Nährböden, oder auf Nährböden mit Phenolzusatz oder durch Kultivierung bei 40 und 41° C.
Bei welchen Versuchen werden stets Bakteriensporen benutzt?	Bei Desinfektionsprüfungen. Die Milzbrandsporen z. B. werden zu diesem Zwecke an Seidenfäden angetrocknet.
Wodurch entsteht die Kapsel bei vielen Bakterien?	Durch Aufquellung, Vergallertung des Ektoplasmas. Es handelt sich bei

der Kapselbildung um eine gegen ungünstige Kulturbedingungen gerichtete Abwehrtätigkeit oder um eine Altersoder Degenerationserscheinung.

(Bac. capsulatus Pfeiffer, Bac. Friedländer, Diploc. pneum. capsul. Fraenkel-Weichselbaum).

Wodurch wird die Bewegung mancher Bakterien vermittelt?

Durch Geißeln.

Wie teilt man die Bakterien nach Zahl und Anordnung der Geißeln ein?

1. In Atricha, geißellose (unbeweglich, Milzbrandbazillus, alle Kokken).
2. Monotricha, eine Geißel an einem Pol (Choleravibrio).
3. Amphitricha, Bakterien mit je einer Geißel an je einem Pol (manche Vibrionen, Spirill. undulans).
4. Lophotricha, Bakterien mit einem Geißelbüschel an einem Pol (große Spirillen).
5. Peritricha, Bakterien mit vielen Geißeln rings um den Bakterienleib verteilt (Typhusbazillen).

Wann treten Involutionsformen bei den Bakterien auf?

Bei Erschöpfung des Nährbodens, ungünstigen Lebensbedingungen, bei abnormer Temperatur. Man sieht aufgeblähte Formen, Riesenwuchsformen mit Vakuolen oder Bakterien im Zerfall begriffen und kleine Körner.

Wie erfolgt die Vermehrung der Spaltpilze?

Durch Querteilung (20—30 Minuten bis mehrere Stunden). Bei Rechnung mit einer Stunde Durchschnittswert entstehen aus jedem Bakterium in 24 Stunden 16 Millionen Individuen.

Was erfolgt, wenn das Bakterium sich in zwei aufeinander senkrechten Richtungen teilt?

Es entstehen Gruppen von je vier Kokken (Tetragenus).

Was, wenn die Teilung nach allen drei Richtungen des Raumes vor sich geht?

Die Paketkokken (Sarcina).

Was für Substanzen bedürfen die Bakterien für ihren Stoffwechsel außer anorganischen Nährstoffen?

Stickstoffhaltige (Eiweiß, Pepton, Leim, Ammoniak, Aminen, Amidosäuren) und stickstoffreie Substanzen (Zucker und Glyzerin).

Welche Ansprüche stellen die Bakterien in bezug auf Konzentration und Reaktion des Nährbodens?

Die meisten Spaltpilze bevorzugen wasserreiche oder flüssige Nährböden mit schwach alkalischer Reaktion. Einige Bakterien, z. B. die Essigbakterien, gewisse Bakterien im Säuglingsstuhl und auch der Typhusbazillus bevorzugen einen gewissen Säuregrad („azidophil").

Gewisse Bakterien brauchen unbedingt freien Sauerstoff zum Leben und zur Vermehrung. Wie nennt man sie?

Obligate Aërobier.

Wie bezeichnet man diejenigen Bakterien, die nur bei unbedingtem Sauerstoffabschluß entwicklungsfähig sind?

Obligate Anaërobier.

Was sind die fakultativen Anaërobier?

Solche Mikroorganismen, die sowohl bei Anwesenheit von Sauerstoff wie auch bei Sauerstoffabschluß gedeihen können.

Nennen Sie mir verschiedene anaërobe Züchtungsverfahren?

Zur Entfernung des Sauerstoffs kommen in Frage:

1. Das Auskochen des Nährmediums mit nachfolgendem mechanischem Abschluß der Luft durch Überschichten mit Agar oder Öl oder Paraff. liquid.

2. Zusatz eines reduzierenden Mittels zum Nährboden (Zucker, ameisensaures Natron usw.).

3. Absorption des Sauerstoffs auf chemischem Wege mit alkalischer Pyrogalluslösung.

4. Schaffung eines Vakuums mit der Luftpumpe.

5. Verdrängung des Sauerstoffs mittels Wasserstoff (Kippscher Apparat).

Was verlangen die Bakterien noch weiter zur Entfaltung ihrer Lebensäußerungen?

Eine bestimmte Temperatur, bei verschiedenen Arten sehr wechselnd. Temperaturmaximum 42°, Temperaturminimum 5°. Zwischen diesen angegebenen Temperaturen liegt das Temperaturoptimum.

Was versteht man unter Virulenz der Bakterien?

Den Grad der Fähigkeit eines Infektionserregers, den befallenen Organismus zu schädigen:

a) durch Wucherung,
b) durch Giftbildung.

Wie steigert man die Virulenz?

Durch Tierpassagen.

Worin besteht im allgemeinen die Hauptleistung der Bakterien?

In der Aufschließung organischer Substanz in ihre einfachsten chemischen Bestandteile.

Welche Fähigkeiten kommen den verschiedenen Bakterien zu?

1. Reduzierend zu wirken. (Beispiel: Lackmus, Methylenblau, Neutralrot, Selen, Tellur.)
2. H_2S zu bilden (bei Fäulnisvorgängen).
3. Indol zu bilden.
4. Farbstoffe zu bilden (Bac. pyocyaneus, prodigiosus usw.).
5. Zu leuchten (nur bei Gegenwart von freiem Sauerstoff).
6. Säuren oder Alkalien zu bilden und somit das Nährsubstrat zu verändern.
7. Fermente zu liefern und Gärwirkungen hervorzurufen.
8. Toxine zu bilden.
   a) Ektotoxine:
      α) Fäulnisalkaloide,
      β) lytische Fermente (Hämolysine, Leukolysine),
      γ) spezifische Toxine (Diphtherie-, Tetanus- und Botulinustoxin).
   b) Endotoxine:
      α) Bakterienproteine (hitzebeständig),
      β) spezifische, nicht hitzebeständige Endotoxine.
9. Sich zu vermehren.
10. Wärme zu bilden.

Wie weist man Indol nach?

24stdg. und mehrtägige Peptonwasserkulturen + 1 ccm verdünnter H_2SO_4 (1 + 4 H_2O); wenn innerhalb 5 Minuten keine Rotfärbung auftritt, noch 1 ccm Kaliumnitritlösung zusetzen (1 : 10000); Roter Ring.

Empfindlicher ist folgende Probe: Zu 5 ccm Kultur je $2^1/_2$ ccm folgender Lösungen zusetzen:

Lösung a): Paradimethylamidobenzaldehyd, 380 g 80%iger Alkohol, 80 g konz. Salzsäure.

Lösung b): Konz. wäßrige Lösung von Kaliumpersulfat.

Bei Indolanwesenheit Rotfärbung innerhalb 5 Minuten.

Wie teilt man die Fermente ein?

1. In kohlehydratspaltende:
   a) diastatische Fermente (Stärke verzuckernd),
   b) invertierende Fermente (Rohrzucker und andere Disaccharide spaltend).
2. In eiweißspaltende:
   a) peptonisierende resp. tryptische, die Eiweiß in lösliche Produkte aufschließen (Verflüssigung der Gelatine).
   b) Kinasen, die Eiweiß zur Gerinnung bringen (Labferment).
3. Harnstoffspaltende (Urase).
4. Fettspaltende (Lipasen).
5. Oxydasen und Reduktasen.

Es können gelegentlich bei den Bakterien gewisse Abweichungen vom normalen Typus vorkommen (Variabilität). Wie können sich diese Erscheinungen geltend machen?

1. Als Degeneration, Verlust bestimmter Leistungen durch ungünstige Lebensbedingungen (Virulenz-, Farbstoff-, Toxin-, Fermentverlust).

2. Als Anpassung, Adaption, Akkommodation an neue äußere Lebensbedingungen.

Entstehung von Spielarten.

3. Als Mutation (de Vries); sprunghaftes, spontanes, nicht durch äußere Umstände bedingtes Auftreten neuer Rassen, Typen und Spezies. Die neu erworbenen Eigenschaften sind vererblich und nur sehr schwer in die Ausgangsformen zurückzuführen.

Untersuchungsmethoden.

Welches sind die für bakteriologische Untersuchungen wichtigsten Apparate?

1. Mikroskop mit Trockensystemen, einer Ölimmersion, dem Abbéschen Beleuchtungsapparat mit Irisblende.
2. Sterilisierungskasten mit trockener Hitze.
3. Dampfkochtopf (Koch).
4. Autoklav.
5. Thermostat (Brutschrank) mit Thermoregulator.

Was muß auf jedem Arbeitsplatze sich befinden?

Neben dem Mikroskop die nötigen Farblösungen, Objektträger und Deckgläschen, Pinzetten, absoluter und salzsaurer Alkohol, Kanadabalsam, Zedernöl, Vaseline mit Pinsel, physiologische NaCl-Lösung, 1 Öse, 1 Nadel (Platin), Xylol, Pipetten, Bunsenbrenner, ein mit Sublimatlösung gefülltes Gefäß.

Wie untersucht man die Bakterien?

Im ungefärbten Präparat, im hohlgeschliffenen Objektträger (im hängenden Tropfen) und im gefärbten Präparat.

Beschreiben Sie mir die erstgenannte Untersuchungsmethode, die Beobachtung der lebenden ungefärbten Bakterien.

Auf das gereinigte Deckgläschen bringt man mit der sterilen (ausgeglühten) Platinnadel ein Tröpfchen der zu untersuchenden Flüssigkeit; bei Untersuchung auf festen Nährböden gewachsener Kolonien wird zunächst auf das Deckglas ein Tröpfchen Bouillon oder physiologische NaCl-Lösung gebracht und darin ein wenig Kultur verrieben. Nun wird der Objektträger mit der hohlgeschliffenen Seite — der Rand des kreisförmigen Ausschliffs ist vorher mit Vaseline umzogen — nach unten gekehrt und auf das Deckglas gelegt, und zwar so, daß der Tropfen in die Mitte des Ausschliffs zu liegen kommt. Betrachtung zunächst mit Planspiegel, enger Blende und schwacher Vergrößerung. Wenn der Rand des Tropfens gut in die Mitte des Gesichtsfeldes eingestellt ist, bringt man einen Tropfen Zedernöl auf das Deckgläschen und betrachtet den Tropfen mit der Immersionslinse. Nach abgeschlossener Untersuchung verschiebt man das Deckgläschen, so daß eine Ecke desselben über den Objektträgerrand reicht. Man hebt es vorsichtig, ohne daß der Tropfen des Deckgläschens mit dem Objektträger in Berührung kommt, mit der Pinzette ab, bringt es in Sublimatlösung oder rohe Schwefelsäure. Der Objektträger, sofern er nicht benetzt ist, ist wieder gebrauchsfertig.

Wann wird der hängende Tropfen angewendet?

Zur Beobachtung der Eigenbewegung, Bakteriolyse, Sporenkeimung usw.

Einfacher gestaltet sich die Untersuchung der Bakterien im gefärbten Präparat. Welche Farbstoffe werden zur Färbung der Bakterien verwendet?

Die basischen Anilinfarbstoffe, hauptsächlich Fuchsin, Methylenblau, Methyl- und Gentianaviolett, Bismarckbraun.

Wie stellt man sich die Farblösungen her?

Vorrätig hält man eine konzentrierte alkoholische Stammlösung (gesättigt), die vor dem Gebrauch mit der etwa zehnfachen Menge destillierten Wassers verdünnt wird. Die färbende Kraft der Farbstofflösungen wird durch Zusatz von Alkali, Anilinwasser usw. gesteigert.

Wie geht man bei der Herstellung gefärbter Präparate vor?

Auf ein reines Deckgläschen (evtl. Objektträger) bringt man mit der Platinöse einen Tropfen Wasser, da hinein etwas von der zu untersuchenden Kultur. Nach Verreiben Ausstreichen in dünner Schicht über das Deckgläschen. Nach dem Lufttrockenwerden des Präparates Fixierung durch dreimaliges Hindurchziehen durch die Flamme. Blut, Eiter, Sputum usw. werden ohne Wassertröpfchen direkt ausgestrichen. Für Blutpräparate eignet sich die Fixierung in Alkohol absol. (2—10 Minuten). Dann erfolgt Färbung mit dem betreffenden Farbstoff 1 bis 3 Minuten, Abspülen in Wasser, Lufttrocknen und Einbetten in Kanadabalsam. Untersuchung mit Planspiegel ohne Blenden.

Wie werden Blutpräparate ausgestrichen?	Der Bluttropfen wird an das eine Ende eines Objektträgers gebracht, ein Deckgläschen davorgesetzt, so daß der Tropfen sich an der Rückwand des Deckgläschens gut ansaugen kann. Dann schiebt man das Deckglas um ca. 45° zum Objektträger gehalten über das freie Stück desselben hin; am anderen Ende angekommen, hebt man es ab. Man zieht den Bluttropfen in breiter Schicht also nach (schiebt ihn nicht mit dem Deckglas vor sich her).
Welche anderen Präparate werden in derselben Weise wie die Blutpräparate ausgestrichen?	Die Ausstrichpräparate nach dem Burrischen Tuscheverfahren; die zu untersuchende Flüssigkeit, Kultur, wird mit einem Tropfen Tusche (Pelikantusche Nr. 541 Grübler) auf dem Objektträger gemischt und gleichmäßig nach der eben angegebenen Vorschrift ausgestrichen (Untergrund bräunlich bis schwarz, Bakterien leuchtend hell). Man hat den Eindruck der Dunkelfeldbeleuchtung.
Wo hat sich die Dunkelfeldbeleuchtung besonders bewährt?	Bei der Untersuchung feinster Mikroben in lebendem Zustande, insbesondere der Syphilisspirochäten.
Wie erzielt man die Dunkelfeldbeleuchtung?	Mit den sog. Spiegelkondensoren, die in Verbindung mit einer in das Immersionssystem einzuhängenden trichterförmigen Blende eine vollständige Abblendung der direkten Strahlen erzielen. Es gelangen nur die von dem mikroskopischen Objekt abgebeugten Strahlen in das Objektiv. Intensive Beleuchtung (Nernst-Lampe oder Liliput-Bogenlampe) bei vollkommen geöffneter Blende und Benutzung des Planspiegels mit Einschaltung einer Schicht Zedernöl zwischen Objektträger und Kondensor.
Was bezweckt ein Klatschpräparat?	Ein getreues Abbild der natürlichen Anordnung und Lagerung der auf festen Nährböden gewachsenen Keime.

Wie wird ein Klatschpräparat angefertigt?

Ein gut gereinigtes steriles Deckglas wird vorsichtig ohne Verschieben auf die zu untersuchende Kolonie aufgelegt und langsam mit besonders gebogener Pinzette abgehoben. Lufttrocknen, Fixieren und Färben.

Die gebräuchlichsten Färbemethoden.

Welche Färbemethoden kommen hauptsächlich in der allgemeinen Praxis in Frage?

1. Die einfachste Färbung mit verdünntem Karbolfuchsin oder Methylenblau.
2. Die Gramsche Färbung.
3. Die Ehrlich-Ziehl-Neelsensche Färbung für Tuberkelbazillen.
4. Die M. Neißersche Diphtheriebazillenfärbung.
5. Die Giemsafärbung für Malariaplasmodien, Blutpräparate usw.
6. Färbung nach Manson.

Worin besteht die Gramfärbung?

In einer elektiven Färbung bestimmter Arten von Mikroorganismen. Je nach ihrem Verhalten zur Gramfärbung, ob grampositiv oder negativ, ist sie ein diagnostisches Hilfsmittel bei der Erkennung resp. Identifizierung der verschiedenen Bakterien.

Wie wird die Gramfärbung ausgeführt?

Die fixierten Präparate werden mit einem Pararosanilinfarbstoff (Gentianaviolett, Methylviolett) unter Anwendung einer Beize (Karbolsäure) 2 Minuten lang gefärbt, dann die gleiche Zeit mit Jodjodkalilösung (Lugol). Durch Behandlung mit Alkohol ($^1/_2$ Minute) wird den gramnegativen Bakterien, den Zellkernen und den Geweben der Farbstoff entzogen. Nachfärbung mit Eosin oder Fuchsin bringt auch diese entfärbten Teile kontrastreich zur Darstellung. Grampositive Bakterien schwarzblau, gramnegative rot.

Nennen Sie mir einige grampositive und gramnegative Bakterien?

Grampositiv.	Gramnegativ.
Staphylokokken,	Microc. gonorrhoeae,
Streptokokken,	„ meningitidis,
Pneumokokken,	„ catarrhalis,
Sarcinen,	Bact. coli,
Bac. anthracis,	„ typhi,
„ subtilis,	„ paratyph. A u. B,
„ diphtheriae,	„ dysenteriae,
„ tuberculosis,	„ pestis,
„ leprae,	„ influenzae,
Aktinomyces,	„ pyocyaneus,
Hefe.	„ proteus,
	Vibrio cholerae,
	Spirillen, Spirochaeten.

Wie ist die Vorschrift für die Tuberkelbazillenfärbung?

1. Färben mit Anilinwasser oder Karbolfuchsin. 3mal Aufkochen.
2. Entfärben in 5%iger H_2SO_4 oder in 25%iger HNO_3 oder salzsaurem Alkohol 5 Sekunden.
3. Abspülen in 70%igem Alkohol, bis das Präparat farblos erscheint.
4. Nachfärben mit gesättigter wäßriger Methylenblaulösung 1 + 3 Wasser 5—10 Sekunden.
5. Abspülen in Wasser; Tuberkelbazillen rot auf blauem Grunde.

Die Sporenfärbung nach Möller lehnt sich an die Tuberkelbazillenfärbung an. Wie wird sie gehandhabt?

1. Fixieren.
2. 5 Sek. bis 10 Min. lange Behandlung mit 5%iger wäßriger Chromsäurelösung.
3. Abspülen in Wasser.
4. Färben mit Karbolfuchsin 1 Min. unter Aufkochen.
5. Entfärben in 5%iger H_2SO_4 5 Sek.
6. Abspülen in Wasser.
7. Nachfärben mit Methylenblaulösung. Abspülen usw. Sporen rot, Bazillenleib blau.

Die Diphtheriediagnose wird erleichtert durch die M. Neißersche Polkörnchenfärbung. Wie wird dieselbe ausgeführt?

1. Färbung der Präparate mit essigsaurem Methylenblau, dem etwas Kristallviolett zugesetzt ist (10 Sekunden).
2. Abspülen in Wasser.
3. Nachfärben mit Chrysoidinlösung (10 Sekunden).

4. Abspülen in Wasser; evtl. zwischen 2. und 3. eine Behandlung der Präparate mit Jodjodkaliumlösung einschalten, der 1% konzentrierte Milchsäure zugesetzt ist (2—3 Sekunden); dann gut abspülen. (Diese Färbung nach Gins eignet sich besonders für Originalausstriche).

Ergebnis der Färbung bei Diphtheriebazillen: blaugefärbte Polkörnchen, auch zuweilen in der Mitte des Bakteriums blaue Körnchen. Bazillenleib braungefärbt.

Für Blutpräparate wendet man mit Vorliebe die Chromatinfärbung nach Giemsa an. Wie geht man bei der Giemsafärbung vor?

1. Die lufttrockenen Ausstrichpräparate werden in Äthylalkohol 15 bis 20 Minuten fixiert und vorsichtig mit Fließpapier abgetupft.

2. Es folgt Färbung mit Giemsa-Lösung (Azur-Eosin, Grübler-Leipzig); 1 Tropfen davon auf 1 ccm säurefreies destilliertes Wasser, am besten in Schälchen. Präparate mit der Schichtseite nach unten einlegen. Färbedauer im allgemeinen 20 Minuten. Für Syphilisspirochäten 24 Stunden.

3. Abwaschen mit scharfem Wasserstrahl.

4. Trocknen, Einbetten.

Chromatin der Parasiten leuchtend rot, Protoplasma blau, Leukozytenkerne rot bis violett. Rote Blutzellen rosa bis braunrot.

Für Blutpräparate eignet sich auch die einfache Färbung nach Manson. Wie ist diese Farblösung zusammengesetzt, und wie geht man bei der Färbung der Blutpräparate vor?

Die Mansonsche Farblösung ist eine Mischung von Methylenblau (Höchst) 2,0 und Borax 5,0 in 100,0 kochendem Wasser.

Für die Färbung wird die Farbe mit Wasser so weit verdünnt, bis die Lösung im Reagenzglas anfängt eben durchsichtig zu werden. Färbung der in Alkohol fixierten Präparate 15—20 Sek. ohne Erhitzen. Abspülen in Wasser; Parasiten blau, rote Blutscheiben grünlich.

Wegen der Anfertigung von Schnittpräparaten siehe anatomisch-pathologische Bücher.

Sterilisation.

Alle Glasgeräte und Nährböden, die zur Züchtung der Bakterien gebraucht werden, müssen keimfrei sein. Was sterilisiert man in der Flamme?	Platinnadeln, Messer, Pinzetten, Scheren, Glasstäbe.
Wie sterilisiert man Glasgefäße, Metallgegenstände, Watte, Fließpapier?	In trockener Hitze (Lufttrockenschrank) 1/2 Stunde bei 160°.
Wie werden Gummisachen, Flüssigkeiten, Nährsubstrate außer Eiweiß sterilisiert?	Durch Erhitzen im Dampf (strömender Dampf von 100° 1/4—1/2 Stunde lang).
Wie geht man bei der Sterilisierung von Nährmaterialien vor, die widerstandsfähige Sporen enthalten?	Entweder werden sie an drei aufeinanderfolgenden Tagen je 1/4—1 Std. in den Dampfstrom gebracht, oder man sterilisiert sie im Autoklaven bei Temperaturen bis 130°.
Wobei wendet man eine fraktionierte Sterilisation an?	Bei Gegenständen, die weder trockene Hitze noch Kochen vertragen (Serum, Eiereiweiß usw.). Sterilisation bei 56—60° täglich 1—4 Stunden 5—8 Tage hintereinander.

Die Nährsubstrate.

Welches ist die Grundlage für die gebräuchlichsten Bakteriennährböden?	Das Fleischwasser, das nichts weiteres als einen Fleischauszug darstellt.
Was wird alles aus diesem Fleischwasser hergestellt?	Nährbouillon, Nährgelatine, Nähragar.
Wie bereitet man aus dem Fleischwasser die Nährbouillon?	Indem man zusetzt: 1% Pepton Witte, 1/2% Kochsalz, evtl. noch 0,1—1% Traubenzucker. Sie wird nach dem Kochen im Dampftopf bis zur vollständigen Lösung der Zusätze mit 10%iger Sodalösung neutralisiert, 1/4—1/2 Stunde im Dampfstrom gekocht, filtriert und in Kolben oder in Reagenzgläser abgefüllt, sterilisiert (3 mal 1/4—1/2 Stunde an drei aufeinanderfolgenden Tagen).

Auf welche Weise bereitet man aus dem Fleischwasser die Nährgelatine?

Zu den eben genannten Zusätzen wird noch 10% weiße Speisegelatine hinzugefügt. Sonst ist die Bereitung dieselbe, wie sie bei der Nährbouillon angegeben ist. Manche Bakterien bevorzugen eine höhere Alkaleszenz der Gelatine (Cholera).

Zur Klärung verwendet man Hühnereiweiß.

Bei welcher Temperatur schmilzt Gelatine, bei welcher erstarrt sie?

Sie schmilzt bei 28°, bei Temperaturen unter 20° erstarrt sie bald wieder. Bei öfterem starkem Aufkochen leidet ihr Erstarrungsvermögen.

Wie stellt man Nähragar her?

Zu der Nährbouillon fügt man 2 bis 3% fein zerschnittenen oder pulverförmigen Agar-Agar hinzu. Danach Kochen bis zur Lösung; neutralisieren; nach nochmaligem ½stündigem Kochen im Dampfstrom kann man den flockigen Niederschlag am besten durch Watte abfiltrieren (heizbarer Trichter notwendig, oder im Dampfstrom). Filtrieren aber unnötig. Man kann auch den Niederschlag sich absetzen lassen.

Abfüllen in Reagenzgläser:

a) zu Schrägagar,
b) in hoher Schicht,
c) in Petrischalen.

Schädigt wiederholtes Kochen das Erstarrungsvermögen des Nähragars?

Nein.

Bei welcher Temperatur wird der Nähragar flüssig, bei welcher Temperatur erstarrt er?

Flüssig wird er bei 90—100°, unter 40° erstarrt er unter Auspressung von Kondenswasser.

Ist es immer notwendig, Rind- oder Pferdefleisch zur Herstellung von Fleischwasser zu benutzen?

Nein, man kann Plazenta, Bullenhoden, Brühe aus Dampfsterilisatoren für bedingt taugliches Fleisch benutzen.

Auch läßt sich eine 1—2%ige Lösung von Liebigschem Fleischextrakt oder Maggis gekörnter Bouillon (Ragitagar und Ragitbouillon Merck, Darmstadt) verwenden.

Ein für die Choleradiagnose wichtiger Elektivnährboden ist das Peptonwasser. Wissen Sie ungefähr die Herstellung desselben?

Man stellt eine Lösung von Pepton (1—2%) und Kochsalz ($^1/_2$—1%) in Leitungswasser her.

Nennen Sie mir die Zusammensetzung der für die bakteriologische Typhusdiagnose gebräuchlichen Nährböden!

1. Der Fuchsin-Sulfit-Nährboden nach Endo. 2 Liter 3%iger Fleischwasserpeptonagar werden nach Neutralisation zum Lackmusneutralpunkt mit folgenden Zusätzen versehen: a) 20 ccm Sodalösung (10%); b) 20 ccm Milchzucker in 100 ccm Aqu. destillata 10 Min. vorher gekocht; c) 10 ccm gesättigte alkoholische Fuchsinlösung; d) 50 ccm frisch bereitete 10%ige Natriumsulfitlösung. Beim Erkalten entfärbt der fertige Nährboden sich fast vollständig; vor Licht geschützt aufzubewahren, weil er sich sonst rasch rot färbt.

2. Der Lackmus-Milchzucker-Nutroseagar nach v. Drigalski und Conradi.

Um 2 Liter des Nährbodens herzustellen, werden 1,5 kg möglichst fettfreies gehacktes Pferdefleisch 24 Stunden lang mit 2 Liter kaltem Wasser ausgezogen; das durch ein leinenes Tuch abgepreßte Fleischwasser wird 1 Std. gekocht und das Filtrat mit 12 g Pept. sicc. Witte, 20 g Nutrose und 10 g NaCl versetzt, aufgekocht und filtriert. In dem Filtrat werden 60—70 g fein zerkleinerter Stangenagar durch 3 Std. Kochen im Dampftopf gelöst; Neutralisation mit Sodalösung (10%) bis zur schwachen Alkaleszenz gegen Lackmuspapier. Nach nochmaligem $^1/_2$stündigem Aufkochen und Filtration Zusatz von a) 300 ccm Lackmuslösung von Kahlbaum (Berlin), 10 Min. gekocht, dazu 30 g Milchzucker, wieder 10 Min. gekocht; b) sterile Sodalösung (10%) in solcher Menge, daß der beim Umschütteln entstehende Schaum blauviolett erscheint: c) 20 ccm frisch bereitete Lösung von 0,1 g Kristallviolett B (Höchst) in 100 ccm warmem, sterilisiertem, destilliertem Wasser.

3. Der Malachitgrünagar (nach Lentz und Tietz), der zur Anreicherung von Typhusbazillen benutzt wird. Er stellt einen 3%igen zum Lackmusneutralpunkt neutralisierten und nach dem Abkühlen auf etwa 50° mit Malachitgrün extra chemisch rein (Höchst) im Verhältnis von etwa 1 : 6000 versetzten Fleischwasserpeptonagar dar. Der Malachitgrünzusatz ist vor Herstellung einer größeren Menge des Nährbodens am besten jedesmal besonders auszuprobieren, um diejenige Konzentration zu treffen, bei der einerseits möglichst erhebliche Zurückdrängung anderer Bakterien, andererseits aber möglichst geringe Wachstumhemmung der Typhusbazillen selbst stattfindet.

Welches ist der Elektivnährboden für Diphtheriebazillen?

Das Löfflersche Blutserum, eine Mischung von 3—4 Teilen Blutserum + 1 Teil alkalischer Bouillon (bereitet aus 1% Pepton, $1/2$% NaCl und 1% Traubenzucker).

Wie geht man bei der Bereitung von Blutserumnährböden vor?

Das steril entnommene Blut bleibt 24 Stunden kühl im Eisschrank stehen, das abgesetzte Serum wird abpipettiert, fraktioniert sterilisiert. Statt Serum kann man auch Aszites-, Ovarialzysten- und Hydrozelenflüssigkeit benutzen.

Nun wird das Serum in schräger Schicht oder in Petrischalen 3 Tage nach einander je $1/2$ Stunde lang im Serumerstarrungsapparat auf 95—98° erhitzt.

Durch Vermischen flüssigen sterilen, auf 50° erwärmten Blutserums bzw. Aszitesflüssigkeit mit auf 50° abgekühltem Agar erhält man Blutserumagar (Aszitesagar usw.).

Welcher Nährboden eignet sich am besten zum Wachstum von Gonokokken?

Menschenblutserum oder Aszitesagar.

Welche anderen Nährböden werden in der Bakteriologie zuweilen noch angewendet?

Eier, Kartoffeln, halbiert mit Schale oder Kartoffelscheiben ohne Schale, Kartoffelbrei, Brot und Milch.

Welcher Nährboden zeigt am besten Hämolyse der Bakterien an?

Blutagar.

Man läßt in auf 50° abgekühltem Agar steril mehrere Kubikzentimeter Blut vom Menschen oder Kaninchen unter stetem Schütteln des Kölbchens einträpfeln.

Plattenverfahren.

Wozu dient das Plattenverfahren?

Zur Trennung der verschiedenen Bakterienarten aus Bakteriengemischen. Man bezweckt Einzelkolonien zu erhalten, von denen man dann leicht zu Reinkulturen gelangen kann.

Wie geht man beim Plattengießen vor?

Nach Verflüssigung mehrerer Röhrchen Gelatine bei 30° im Wasserbade, wird das erste Röhrchen mit dem Material beschickt, ordentlich durchgeschüttelt. Nun überträgt man 3 Ösen Inhalt aus dem 1. Röhrchen ins 2. Röhrchen, mischt gut durch, und so weiter vom 2. ins 3. Röhrchen usw. Die nach der Beimpfung fertigen Gelatineröhrchen werden mit 1, 2, 3 usw. bezeichnet ins Wasserbad von 25—30° zurückgesetzt. Ist man fertig mit dem Herstellen der Verdünnungen, gießt man jedes Röhrchen nach Abbrennen und Wiederabkühlen des Röhrchenrandes in die auch mit 1, 2, 3, 4 und Datum bezeichneten sterilen Glasplatten (Petrischalen) ein. Die Röhrchen werden wegen der Infektionsgefahr sofort in Sublimatlösung gelegt, die erstarrten Gelatineplatten in einen Brutschrank von 22° gebracht.

Wie bestimmt man z. B. den Keimgehalt eines Wassers?

Verschiedene Mengen des zu untersuchenden Wassers 0,1—1,0, bei keimreichen Wässern bedeutend weniger, werden in je einer Petrischale mit 10 ccm flüssiger Gelatine (30°) übergossen, gut durchgemischt; nach dem Erstarren bringt man die Platten 48 Stunden in den Gelatineschrank von 20—22°.

Es folgt dann die Keimzählung

a) mit dem Wolffhügelschen Zählapparat.

Man zählt die gewachsenen Kolonien aus ca. 12—20 Quadraten mit der Lupe, berechnet daraus die Zahl der in 1 Quadrat im Durchschnitt gewachsenen Kolonien, multipliziert damit die Zahl der in einer Petrischale enthaltenen Quadrate (66). Auf diese Weise findet man die Zahl der in der betreffenden Wassermenge enthaltenen Keime.

b) Bei stark bewachsenen Platten Zählung unter dem Mikroskop bei schwacher Vergrößerung.

Mit Hilfe eines Objektivmikrometers wird bei einer bestimmten Linsenkombination und Tubuslänge die Größe des Gesichtsfeldes bestimmt. Zählung der Kolonien in ca. 10—12 Gesichtsfeldern; man nimmt durch Division das Mittel und multipliziert die gefundene Zahl mit der Gesichtsfelderzahl der Schale. So ist die Keimzahl in der ausgesäten Wassermenge ermittelt. Durch Umrechnung stellt man dann leicht fest, wieviel Keime in 1 ccm Wasser enthalten sind.

Wie legt man Kulturen auf Agarplatten an?

1. Ebenso wie Gelatineplatten.
2. Durch Ausstreichen von Material auf der Oberfläche des Agars mit Glasspatel oder Öse.

Bei welcher Temperatur werden die ausgestrichenen Agarplatten bebrütet?

Bei 37,5° C.

Wie stellt man Reinkulturen her?

Indem man die betreffende Einzelkolonie mit einer Platinnadel absticht, in Bouillon oder auf Schrägagar überträgt, d. h. sie auf der Oberfläche des Schrägagars durch Hin- und Herfahren der Platinnadel verteilt (Strichkultur).

Auch kann man eine Stichkultur anlegen, indem man die mit der Einzelkolonie beschickte Platinnadel bei gerader Stellung des Röhrchens in die Hochagar- resp. Gelatineschicht einsticht.

Welches Verfahren gestattet eine zuverlässige Züchtung aus **einer** Bakterienzelle?

Das Tuscheverfahren nach **Burri**.

Wie wird es ausgeführt?

Auf einen fettfreien sterilen Objektträger bringt man vier einzelne Tropfen einer Tuscheaufschwemmung (1 + 9). Im ersten Tropfen verreibt man etwas von dem zu untersuchenden Bakterienmaterial, überträgt daraus etwas in Tropfen 2, von diesem etwas in Tropfen 3 usw. Mit einer abgekühlten Tuschefeder werden aus dem letzten Tropfen einige Punkte auf eine gut erstarrte Gelatineplatte gebracht, die nach ca. $^1/_2$ Minute mit einem sterilen Deckglase bedeckt und mikroskopisch (Trockenlinse) untersucht werden. Den Tuschepunkt, der nur eine Bakterienzelle enthält, bezeichnet man sich auf der Unterseite der Petrischale, läßt das Bakterium auswachsen und impft dann nach dem Abheben des Deckglases die aus **einer einzigen** Bakterienzelle hervorgegangene Kolonie ab.

Zuweilen gelingt es nicht, aus dem Ausgangsmaterial durch Züchtung Reinkulturen zu gewinnen. Auf welche Weise kann man sich dann noch helfen?

Durch den Tierversuch. (Anwendbar zur Isolierung von Milzbrandbazillen, Pneumokokken, Rotzbazillen, Tuberkelbazillen usw.).

Tierversuch.

Zur Feststellung der pathogenen Wirkung der Bakterien und aus diagnostischen Gründen wird der Tierversuch angestellt. Wel-

1. Die intrakutane Impfung (bei Tuberkulose und Diphtherie).
2. Die kutane Impfung (Pirquet).
3. Die subkutane Impfung.
4. Die intraperitoneale Impfung.

che Impfmethoden kommen hier in Betracht?	5. Die intrapleurale und intramuskuläre Impfung. 6. Die Impfung in die vordere Augenkammer. 7. Die intravenöse und intrakardiale Impfung. 8. Impfung durch Verfütterung. 9. Infektion durch Inhalation.
Welche Tiere werden gewöhnlich zu den Versuchen verwendet?	Mäuse, Ratten, Meerschweinchen, evtl. Kaninchen, Affen, Vögel.

Spezieller Teil.

A. Die pathogenen Bakterien.

I. Die pathogenen Kokken.

1. Staphylokokken und Streptokokken.

Nennen Sie mir den bei weitem häufigsten Eitererreger und beschreiben Sie ihn kurz.

Der Staphylococcus pyogenes. Er hat seinen Namen nach seiner Lagerung (σταφυλή = Traube), ist ein rundes Bakterium, das auf den gewöhnlichen Nährböden große, runde undurchsichtige Kolonien und unter Umständen Farbstoffe bildet, die in Alkohol und Äther extrahierbar sind.

Kennen Sie einige Farbstoff bildende Arten?

Der Staphylococcus pyogenes aureus bildet einen goldgelben, der Staphylococcus pyogenes citreus einen zitronengelben Farbstoff. Keinen Farbstoff bildet der Staphylococcus albus.

Sind Staphylokokken tierpathogen?

Bei intraperitonealer Verimpfung (Kaninchen) entsteht eitrige Peritonitis; die sicherste Infektion ist die intravenöse. Es entstehen Kokkenherde in Nieren und Herzmuskel. Nach Brechen oder Quetschen der Knochen nach intravenöser Verimpfung von Staphylokokken entsteht Osteomyelitis.

Wie reagiert die normale Haut auf Einreiben von Staphylokokken?

Es entstehen Furunkel, Aknepusteln und Phlegmonen.

Worauf beruht die Wirkung der Staphylokokken im Tierkörper?

Auf den Toxinen, und zwar

a) auf einem Hämolysin,
b) „ „ Leukolysin,
c) „ „ nekrotisierenden Gift (Nephrotoxin),

d) auf chronisch wirkenden Toxinen, die Marasmus und amyloide Degeneration hervorrufen.

Wie steht es mit der Widerstandsfähigkeit des Staphylococcus?

Der Staphylococcus ist im großen und ganzen ein gegen äußere Einflüsse sehr widerstandsfähiger Mikroorganismus.

5%ige Karbolsäure wird 13 Min., 1‰ige Sublimatlösung 30 Min. ohne Schaden vertragen.

Manche Staphylokokkenstämme vertragen ein 2stündiges Erhitzen auf 70°.

Wo findet man Staphylokokken?

In der normalen Haut, auf den Schleimhäuten (Nase und Mund), in den Kleidern, im Wohnungsstaub usw.

Wie verhält der Staphylococcus sich gegenüber Farbstoffen in bezug auf seine Färbbarkeit?

Der Staphylococcus färbt sich gut mit allen Anilinfarben. Er ist grampositiv.

Gelingt eine aktive Immunisierung mit Staphylokokken?

Sie gelingt nicht jedesmal. Man immunisiert Kaninchen erst mit abgetöteten, dann abgeschwächten und endlich lebenden Staphylokokken.

Welche Immunstoffe kann man im Blute der so vorbehandelten Tiere nachweisen?

Agglutinine, Bakteriolysine, komplementbindende Antikörper, Bakteriotropine.

Was ist Histopin?

Ein konservierter Schüttelextrakt von Staphylokokken, der lokale Infektionen günstig beeinflussen soll.

Zur Vorbeugung und Behandlung der Furunkulose, Akne, Staphylokokkensepsis usw. wird subkutan, intramuskulär und auch intravenös ein Staphylokokkenimpfstoff injiziert. Wie wird er gewonnen?

Aus Reinkulturen von verschiedenen vom Menschen stammenden Staphylokokkenarten, die in Kochsalzaufschwemmung bei 60° abgetötet werden.

Man hat versucht ein Serum gegen Staphylokokkenerkrankungen durch aktive Immunisierung von Tieren zu gewinnen. Wie sind die gewonnenen Resultate?

Die Schutzwirkung des Serums beruht auf dem Bakteriotropingehalt und der Phagozytosebegünstigung. Für Tiere hat es schützende Wirkung. Beim Menschen wurden bisher befriedigende Resultate nicht erzielt.

Können Sie mir noch einen anderen Eitererreger nennen?

Den Streptococcus.

Wo findet er sich?

Auf normalen menschlichen Schleimhäuten. Als Krankheitserreger kommt er vor bei Erysipel, Puerperalfieber, Lymphangitis, Angina, Endokarditis, Otitis, Meningitis, bei Darmkatarrhen der Säuglinge, weiter bei Mischinfektionen, Phthise, Diphtherie, Gelenkrheumatismus, Pocken, Scharlach.

Wodurch unterscheidet er sich von den Staphylokokken?

Durch die Lagerung und in der Kultur. Die einzelnen Kokken legen sich kettenförmig aneinander; daher der Name (στρεπτός = Kette).

Auf der Agaroberfläche bilden sich zarte grob granulierte Kolonien. Wachstum in Bouillon! Bodensatz, oft am Rande des Reagenzröhrchens in der Bouillon herdförmige Ansammlung (kleine weiße Punkte).

Behalten Streptokokken ihre Virulenz bei Züchtung auf künstlichen Nährböden bei?

Nein. Sie nimmt ab.

Wie erhält man Streptokokken virulent?

Durch Tierpassage (Maus und Kaninchen). Durch fortgesetzte Tierpassage läßt sich die Virulenz steigern.

In der Färbbarkeit verhält er sich wie die Staphylokokken; bildet er Toxine?

Lösliche Toxine und Endotoxine bildet er nur in geringer Menge, in den Kulturen ist Hämolysin nachweisbar.

Welche Arten oder Varietäten von Streptokokken kennen Sie?

1. Den Streptococcus brevis (Ketten von weniger als 8 Gliedern).
2. Den Streptococcus conglomeratus (Bildung von Flocken in Bouillon).
3. Die hämolysinbildenden Streptokokken (Schottmüller).

a) Streptococcus longus,
b) Streptococcus mitior (graugrüne Kolonien; dazu gehörig Streptococcus longissimus),
c) Streptococcus mucosus.

Lassen sich Tiere aktiv mit Streptokokken immunisieren?

Ja. Durch wiederholte Injektion abgetöteter und dann lebender Streptokokken.

Das Serum hat Schutzwirkung gegen die homologen Bakterien.

Welche Antikörper enthält das Immunserum?

Agglutinine, Bakteriotropine.

Wie sind die therapeutischen Erfolge?	Noch zweifelhaft. Man will mit polyvalenten Seren eine günstige Beeinflussung des Krankheitsprozesses beobachtet haben.

2. Pneumococcus (Diplococcus lanceolatus).

Beschreiben Sie mir den Pneumococcus lanceolatus.	Er ist ein Kokkus in Ei- oder Lanzettform (Kerzenflammenform), nach Gram färbbar, der deutliche Kapselbildung in Präparaten aus dem erkrankten Menschen und Tier aufweist.
Gedeihen Pneumokokken auf künstlichen Nährböden leicht?	Nein; am besten gedeihen sie auf Aszitesagar, Blutagar, Blutserum und Eierbouillon; sie bilden einen tautropfen ähnlichen Belag auf festen Nährböden.
Auf welche Weise gewinnt man am leichtesten Reinkulturen von Pneumokokken?	Durch subkutane Impfung von Mäusen oder Kaninchen mit dem Ausgangsmaterial; nach dem Tode der Tiere durch Aussaat von Herzblut oder Milzmaterial auf Aszitesagar oder in Eierbouillon. Die Kulturen sind alle 8 Tage überzuimpfen.
Ist Ihnen ein Unterscheidungsmerkmal zwischen Pneumokokken und Streptokokken bekannt?	1. Pneumokokken bilden keine Hämolyse auf Blutagar. 2. In Bouillonkultur, die einen Zusatz von 10%iger wäßriger Lösung von taurocholsaurem Natron aa enthält, werden Pneumokokken aufgelöst, Streptokokken dagegen nicht.
Ist der Pneumococcus gegen äußere Einflüsse sehr widerstandsfähig?	Nein. Schon durch Austrocknen sterben die Kulturen rasch ab; dagegen bleiben die Pneumokokken in eiweißhaltiger Hülle lange lebensfähig.
Wie geht man daher vor, um die Pneumokokken lebend und virulent zu erhalten?	Mäuse, die ebenso wie Kaninchen für eine Pneumokokkeninfektion leicht empfänglich sind, werden infiziert; sie gehen in kurzer Zeit zugrunde. Das Blut der infizierten Mäuse, an Fäden angetrocknet, oder Organstücke (Milz und Herz), im Exsikkator trocken aufbewahrt, hält die Pneumokokken bis zu 6 Monaten lebensfähig.
Wo findet man den Diplococcus lanceolatus?	Im Sputum bei kruppöser Pneumonie (sekundär), bei Pleuritis, Menin-

gitis, Endokarditis, bei Otitis, Konjunktivitis und Ulcus corneae serpens.

Hat man mit der Serumtherapie bei Pneumokokkeninfektionen Erfolg?

Nein. Auch bei Ulcus corneae serpens sind die therapeutischen Erfolge zweifelhaft; dagegen soll bei sofortiger Anwendung des Serums nach der Verletzung eine Schutzwirkung des Serums bestehen. Das Serum wirkt durch seine Opsonine, welche die Phagozytose erleichtern.

3. Gonococcus (Micrococcus gonorrhoeae).

Wie sieht der Gonococcus aus?

Er hat Diplokokken- und Kaffeebohnenform.

Wie verhält er sich zur Gramfärbung?

Er ist gramnegativ.

Wo findet man ihn?

Im gonorrhoischen Sekret auf den Epithelien, im akuten Stadium der Erkrankung in den polynukleären Leukozyten, in protrahierten Fällen dagegen fast nur extrazellulär.

Er ist ebenfalls auf künstlichen Nährböden schwer zu züchten; welche Zusätze zum Nährboden bevorzugt er?

Menschliches Serum oder Aszitesflüssigkeit.

Wie wird unter Umständen die Gonorrhoe außer durch den Koitus noch übertragen?

Bei der Geburt durch Handtücher, Wäsche, Schwämme, Badewasser (Epidemien von Augenblenorrhöe in Kinderspitälern).

Besteht nach dem Überstehen einer Gonorrhoe Immunität?

Nein.

Hat die Serumtherapie irgendwelchen Erfolg bei Gonorrhoe aufzuweisen?

Nein.

Gute Resultate gegen Komplikationen weist dagegen die Wrightsche Vakzine auf (abgetötete Gonokokken, deren Züchtung zuvor auf Nährböden mit genuinem Eiweiß erfolgte).

4. Meningococcus (Micrococcus intracellularis meningitidis).

Ähneln die Meningokokken den Gonokokken?

Ja, es sind semmelförmige Doppelkokken, die sich auch gramnegativ verhalten und auf künstlichen Nährböden nur gedeihen, wenn diesen menschliches oder tierisches Eiweiß (Serum, Aszites) zugesetzt ist.

Welche charakteristischen Merkmale weisen die Meningokokken in Ausstrichpräparaten auf?

Ungleichmäßige Verteilung, Verschiedenheit in Größe, Lagerung und Färbbarkeit der einzelnen Kokken.

Im Rachenschleim finden sich auch bei gesunden Menschen gramnegative Diplokokken, die den Meningokokken außerordentlich gleichen und die Diagnose „Meningokokken“ erschweren. Welche Diplokokken sind es?

Der Diplococcus crassus, der Diplococcus flavus, der Micrococcus catarrhalis, die sich aber vom Meningococcus durch das Vergärungsvermögen gegenüber Kohlehydraten (Lackmuszuckernährböden nach v. Lingelsheim) und die Löslichkeit durch gallensaure Salze unterscheiden. Außerdem kann man zur Unterscheidung von anderen gramnegativen Kokken die Agglutinationsprobe mit Meningokokkenserum heranziehen.

Ist der Meningococcus gegen äußere Einflüsse resistent?

Nein. Austrocknen, schwaches Erhitzen, desinfizierende Lösungen töten ihn rasch ab.

Wo findet man während der Krankheit den Meningococcus?

In den eitrigen Flocken der Lumbalflüssigkeit, und zwar innerhalb der Leukozyten; in den ersten Krankheitstagen auch im Rachenschleim (bis zum 5. Tage).

Auf welche Weise geschieht die Verbreitung der Meningitis?

Direkt von Mensch zu Mensch. Bis zu 70% gesunder Menschen aus der Umgebung Meningitiskranker beherbergen im Rachen Meningokokken (Kokkenträger). Sie verbreiten die Erreger, schleppen sie weiter. Bei einigen Kokkenträgern zeigen sich Symptome einer Pharyngitis. Somit tritt der Meningitiskranke als Zentrum für die Ausbreitung ganz zurück.

Wie bekämpft man die Krankheit?

Durch Isolierung des Meningitiskranken, d. h. Aufnahme in ein Krankenhaus. Von einer Desinfektion ist wenig zu erwarten, weil die Erreger in der äußeren Umgebung nicht lange haltbar sind.

Viel größeres Augenmerk ist auf die Kokkenträger zu richten. Hier wäre eine Isolierung notwendig; sie ist aber nicht durchführbar; Gurgelungen, Pinselungen sind bisher ohne Erfolg geblieben. Merkblätter sollen die Kokkenträger zur Vorsicht im Verkehr mit anderen Menschen anhalten. Schulkinder sollen als Kokkenträger 3 Wochen vom Schulbesuch ferngehalten werden.

Sind mit Meningokokkenserum Heilerfolge erzielt worden?

Ja. Das Meningokokkenserum enthält außer Agglutininen lytische Ambozeptoren, Bakteriotropine und unter Umständen auch Antitoxine.

5. Micrococcus tetragenus.

Zu den Kokken gehören weiter noch der Micrococcus tetragenus. Was wissen Sie darüber?

Der Micrococcus tetragenus zeigt 2 oder 4 Kokken in einer Kapsel. Er ist grampositiv, pathogen für Mäuse und findet sich im Sputum des Menschen (Kavernen).

II. Die pathogenen Bazillen.

1. Bacillus anthracis (Milzbrandbazillus).

Der Milzbrandbazillus tritt entweder einzeln oder in Form von Verbänden auf. Wie verhält er sich morphologisch in Ausstrichpräparaten und kulturell?

Die Enden der einzelnen die Fäden zusammensetzenden Bazillen sind (nur im gefärbten Präparat!) verdickt (bambusstabähnlich). Deutliche Kapselbildung zeigen Ausstriche aus Organen. Außerhalb des lebenden Körpers und in alten Kulturen erfolgt Sporenbildung (mittelständige Spore). Die Widerstandskraft der Sporen gegenüber Dampf ist verschieden (2—15 Min. Abtötung im Dampf 100°). Die Milzbrandkolonien zeigen mit schwacher Vergrößerung betrachtet lockige Fadenbildung („gelocktes Frauenhaar"). Diagnostisch zu verwerten. Bouillon bleibt klar; am Boden des Röhrchens erkennt man wolkige Massen.

Welche Tiere sind für Milzbrand wenig oder gar nicht empfänglich?

Hunde und gewisse Rassen von Hammeln sind wenig empfänglich; Kaltblüter und Vögel nahezu immun.

Wie stellt man die bakteriologische Diagnose „Milzbrand“?

1. In der Kultur.
2. Im Tierversuch.
3. Serodiagnostisch nach Ascolis Methode der Thermopräzipitation.

Worauf beruht die Thermopräzipitation nach Ascoli?

Darauf, daß Serum von mit Milzbrand immunisierten Tieren oft reichlich Präzipitine enthält, d. h. Stoffe, die imstande sind, aus Milzbrandbazillen stammendes Eiweiß auszufällen. Man schichtet wasserklar filtrierte Kochextrakte aus den milzbrandverdächtigen Organen vorsichtig auf präzipitierendes Milzbrandserum. An der Berührungsstelle der beiden Flüssigkeiten entsteht, wenn es sich um Milzbrand handelt, innerhalb $^1/_4$ Stunde ein weißer Ring. Die Reaktion gelingt noch mit Extrakten aus verfaulten Organen.

Welche Arten von Milzbrand unterscheidet man beim Menschen?

I. Den Hautmilzbrand. Er kommt bei Viehknechten, Fleischern, Abdeckern, Gerbern, Bürstenmachern, Tierärzten usw. vor. Gelegentliche Übertragung durch Insektenstiche (Schmeißfliegen).

II. Den Lungenmilzbrand, infolge von Einatmung von Milzbrandsporen (Lumpensortierer, Roßhaararbeiter).

III. Den Darmmilzbrand, durch Verzehren rohen infizierten Fleisches.

Welche Übertragungsmöglichkeiten des Milzbrandes kommen bei den Tieren in Betracht?

1. Die Aufnahme der Erreger durch Verletzungen der Haut (Stechfliegen, Wunden).
2. Die Aufnahme der Erreger durch Futterkräuter, die mit Milzbrandsporen infiziert sind (herrührend von Ausscheidungen kranker Tiere).
3. Verunreinigung der Bodenoberfläche mit infektiösem Material von Verscharrungsplätzen und durch Überschwemmungswasser von Wasser aus Gerbereien.

Wie wird eine Milzbrandepizootie verhütet?

Durch streng durchgeführte Anzeigepflicht, durch Überweisung der Milzbrandkadaver an die Abdeckerei oder Begraben derselben in 3 m Tiefe mit nachträglichem Übergießen mit Kalkmilch.

Mit welcher Flüssigkeit werden sämtliche aus dem Ausland eingeführten Häute desinfiziert?

Mit der Pickelflüssigkeit: 1 kg Häute 24 Stunden in 10 Liter 1% Salzsäure + 10% Kochsalz.

Welche Maßnahmen werden zum Schutz der Nutztiere gegen Milzbrand angewendet?

1. Die aktive Immunisierung (Impfverlust 1‰), Schutz 1 Jahr.

2. Die passive Immunisierung (mit 20—300 ccm Serum werden Hammel, Rinder, Pferde gegen die Infektion für einige Monate geschützt).

3. Die kombinierte aktive und passive Immunisierung nach Sobernheim.

2. Bacillus tetani (Tetanusbazillus).

Wodurch unterscheidet sich der Tetanusbazillus von den bisher besprochenen Bazillen?

Er wächst nur anaërob.

Was wissen Sie über die morphologischen und kulturellen Merkmale des Tetanusbazillus?

Er ist ein schlankes bewegliches Stäbchen mit leicht abgerundeten Ecken. Charakteristisch ist die Form und Anordnung seiner Sporen. Gramfärbung unsicher. Die endständige Spore erscheint zunächst kugelig (Trommelschlägelform), später oval. Die Geißeln sind peritrisch angeordnet. Die anaëroben Kolonien zeigen einen strahligen Bau. In zuckerhaltigem Substrat erfolgt starke Gasbildung.

Wie überträgt man Tetanus auf Versuchstiere?

Durch subkutane Impfung, am sichersten durch Einführung eines sterilen Holzsplitters, der mit verdächtigem Material resp. Kultur getränkt ist, in eine tiefe Hauttasche (Tetanus nach 24—36 Stunden beginnend).

Welche Tiere sind gegen Tetanusinfektion immun?

Hühner und Kaltblüter.

Wodurch kommt der Tetanus zustande?

Durch die Toxine, die der Tetanusbazillus produziert. Man unterscheidet:

1. Ein Tetanospasmin, das durch den Achsenzylinder, durch das Peri- und Endoneurium der peripheren Nerven

	zum Zentralnervensystem gelangt und nach der Verankerung nach einer gewissen „Inkubationszeit" die Krämpfe auslöst.
	2. Ein Tetanolysin (hämolytisch wirkend). Praktisch ohne Bedeutung.
Wo findet sich der Tetanusbazillus in der Außenwelt?	Im Kot (Blinddarm) der Pflanzenfresser (Pferd). So kommt er in die Acker- und Gartenerde.
Wie kommt es, daß der Mensch nicht häufiger vom Tetanus befallen wird?	Weil der Tetanusbazillus nur anaërob, ohne Luftsauerstoff sich entwickeln kann und die Hautverletzungen nur oberflächlicher Natur sind.
Wie bekämpft man den Tetanus?	a) Durch Verhinderung von Hineingelangen der Erreger in Wunden, z. B. durch Verwendung sterilen Materials zu den Platzpatronen. b) Durch Herstellen aërober Verhältnisse bei tieferen Wunden (Wasserstoffsuperoxyd). c) Durch kräftige Anwendung von Antisepticis. d) Durch passive Immunisierung (Tetanusantitoxin).
Hat die prophylaktische Tetanusschutzimpfung Erfolge gehabt?	Ja. Die Seruminjektion hat möglichst früh nach der Verletzung zu erfolgen. Bei ausgebrochenem Tetanus ist der Heilerfolg gering.

3. Bazillen des malignen Ödems.

Die etwas schlanker als Milzbrandbazillen aussehenden Bazillen des malignen Ödems (grampositiv) sind ebenfalls Anaërobier. Sind sie beweglich?	Ja (peritriche Geißeln).
Sind sie tierpathogen?	Sie bedingen nach subkutaner Infektion den Tod der Versuchstiere (Kaninchen und Meerschweinchen) oft schon nach 16 Stunden. Unter der Haut Ödem und blutigseröses Exsudat mit Gasentwicklung. In der Milz mehrere Stunden p. m. reichlich Bazillen nachzuweisen.
Wo finden sie sich in der Außenwelt?	In Faulflüssigkeiten, Darminhalt, gedüngter Erde.

4. Bazillen des Gasbrands (Gasgangrän, Gasphlegmone).

Wodurch unterscheidet sich der Gasbrand schon klinisch vom malignen Ödem?	Durch das Vorhandensein starker Gasentwicklung in der Wunde, die sich nach dem Tode auch auf die inneren Organe erstrecken kann (Schaumorgane).
Stellt der Gasbrand eine einheitliche Erkrankung dar?	Nein. Er wird durch verschiedene miteinander nahe verwandte Erreger verursacht.
Wodurch ist der von G. Fraenkel beschriebene Erreger des Gasbrandes charakterisiert?	Durch das Fehlen der Eigenbewegung, durch sein regelmäßig grampositives Verhalten und die häufige Ausbildung einer Kapsel. Sporenbildung in alkalischen Nährböden mittel- oder endständig. Auf Hirnbrei keine Schwarzfärbung. Nur pathogen für Meerschweinchen.

5. Rauschbrandbazillus und Bacillus botulinus.

(Bazillus der Wurst-, Fleisch- und Fischvergiftung.)

Kennen Sie außer den bisher besprochenen Anaërobiern noch einige?	Den Rauschbrandbazillus, den Bac. botulinus und den Gasbrandbazillus (Fraenkel).
Ist der Rauschbrandbazillus für den Menschen pathogen?	Nein.
Wie kommt bei Tieren (Rind, Schaf, Ziege) die natürliche Infektion zustande?	Von Wunden der Extremitäten, in die die Sporen, die im gedüngten Boden weitverbreitet sind, eindringen. Unter hohem Fieber und sich ausbreitendem Emphysem der Bauch- und Rumpfhaut geht das Tier ein. Organe: Schaumorgane.
Wie geht man bei der aktiven Schutzimpfung vor?	Man injiziert 2 abgeschwächte Vaccins. Erfolge gut.
Wie wirkt der Bacillus botulinus krankmachend?	Er wuchert gelegentlich in Nahrungsmitteln, Konserven, produziert daselbst ein Gift, das beim Menschen nach dem Genuß solcher Konserven usw. die Vergiftung (Botulismus) erzeugt. Erbrechen, Lähmungen der Muskeln des Auges, des Schlundes, der Zunge, des Kehlkopfes, Erweiterung der Pupille,

Ptosis, Akkommodations- und Motilitätsstörungen dss Auges, Schlingkrämpfe.

Wie bekämpft man den Botulismus?

Durch Injektion von antitoxinhaltigem Serum (Institut für Infektionskrankheiten „Robert Koch", Berlin).

6. Bacillus pyocyaneus.

In Verbänden findet man zuweilen einen grünblauen, stark riechenden Eiter, Geruch und Farbe werden durch den Bacillus pyocyaneus, einen beweglichen gramnegativen Bazillus, hervorgerufen. Bildet er in Kulturen auch einen grünen fluoreszierenden Farbstoff?

Ja, er bildet zwei Farbstoffe, von denen der eine, spezifische, in Chloroform löslich ist (Pyocyanin).

Wo findet er sich in seiner natürlichen Verbreitung?

Im Pferde- und Schweinekot, Dünger, Wasser, im Schweiß. Beim Menschen gelegentlich bei Pyelitis, Otitis usw.

Was ist Pyocyanase?

Ein aus Bouillonkulturen des Bacillus pyocyaneus durch Eindampfen auf ein bestimmtes Volumen gewonnenes Produkt (Emmerich und Löw), das Bakterien, die oberflächlich auf der Rachenschleimhaut sitzen, zur Auflösung zu bringen imstande ist (Meningokokken, Diphtheriebazillen).

7. Bacillus typhi abdominalis (Typhusbazillus).

Sind die als Stäbchen von verschiedener Länge und Dicke erscheinenden Typhusbazillen, die auch zuweilen längere Fäden bilden, beweglich?

Sie zeigen lebhafte Eigenbewegung; 8—12 peritrich angeordnete Geißeln umgeben den Typhusbazillus.

Welche charakteristische Form zeigen die Oberflächenkolonien auf der Gelatineplatte?

Weinblattform.

Die Unterscheidung des Typhusbazillus von anderen ähnlichen Bakterien, na-

1. Die relative Unempfindlichkeit des Typhusbazillus gegen Säure, Koffein, Kristallviolett, Malachitgrün und Galle.

mentlich Koli- und Aërogenesarten, ist mit Schwierigkeiten verbunden. Welche Eigenschaften des Typhusbazillus werden zur Differenzierung herangezogen?

2. Seine Abneigung gegen Assimilierung und Zerlegung von Kohlehydraten.

Welche speziellen Nährböden kommen für die bakteriologische Typhusdiagnose hauptsächlich in Anwendung?

I. Für Blutuntersuchungen.

Vor allem die Galle oder die Gallebouillon (aa), die bei beginnender Typhuserkrankung 90—95% positive Resultate liefert. Es werden in 20 ccm Gallebouillon am besten 5—7 ccm Blut aus der Vena mediana unter stetem Umschütteln des Kölbchens steril eingelassen. Am besten werden 3 Kölbchen angelegt. Nach 12, 24 und 48-stündiger Bebrütung wird nach leichtem Schütteln ca. 0,5 ccm aus den einzelnen Kölbchen auf Endo- oder Agarplatten verarbeitet. Bei Verunreinigung der Kölbchen kann die weitere Verarbeitung auf Malachitgrünagarplatten geschehen.

II. Für Fäzes und Urin.

a) Lackmusnutroseagar (siehe Seite 140) nach v. Drigalski, von blauem Aussehen. Typhuskolonien und Paratyphuskolonien blau, glasig, Kolikolonien rot, nicht durchsichtig.

b) Fuchsinnährboden (siehe Seite 140) nach Endo. Aussehen hellgelbrosa — fast farblos, Typhuskolonien farblos, Paratyphuskolonien farblos, Kolikolonien rot.

c) Malachitgrünagar (siehe Seite 141) zur Anreicherung von Typhus- und Paratyphusbazillen (Lentz und Tietz). Nach 24 bis 48stündiger Bebrütung Abschwemmung mit NaCl-Lösung; 1—3 Ösen davon auf Endoplatten ausstreichen. Nach 24 Stunden evtl. Reinkultur.

Kennen Sie noch ein äußerst feines Differenzierungsverfahren?

Die Agglutination der Typhusbazillen resp. der typhusverdächtigen Bazillen mit spezifischem Typhusserum (Pferd, Kaninchen) und die spezifische Auflösbarkeit der Typhusbazillen im Pfeifferschen Versuch (s. Choleravibrionen).

Wie verhält es sich mit der Resistenz des Typhusbazillus?

Er ist gegen äußere Einflüsse ziemlich widerstandsfähig. Hitze von 50—60° vernichtet ihn in 1 Stunde.

Wann finden sich Typhusbazillen

a) in den Fäzes?

a) Vom Ende der 1. Krankheitswoche an reichlich, in der 4. und 5. Woche nur spärlich, in der Rekonvaleszenz oft wieder in größerer Menge.

b) im Urin?

b) Erst von der 3. Krankheitswoche an, dann aber nicht selten längere Zeit.

Man verwendet für die Diagnosestellung aus dem Blute des Typhuskranken eine nach Gruber-Widal benannte Reaktion. Worauf beruht dieselbe?

Auf der Anwesenheit von Agglutininen, die schon nach den ersten 8 bis 14 Krankheitstagen im Blutserum der an Typhus Erkrankten auftreten.

Wie stellt man die Widalsche Reaktion an?

Zu verschieden abgestuften Verdünnungen des Patientenserums, $^1/_{50}$, $^1/_{100}$, $^1/_{200}$, bringt man gleiche Mengen einer sicheren, stark agglutinablen Typhuskultur. Kontrollen mit Normalserum dürfen nicht fehlen. Entweder wird die Probe auf dem Objektträger bei schwacher Vergrößerung oder makroskopisch in Reagenzgläsern angestellt. Beobachtung nach 2stündiger Bebrütung bei 37° mit Lupe oder Agglutinoskop. Agglutination bei der Verdünnung $^1/_{100}$ beweist Typhusinfektion.

In gleicher Weise wird die Probe mit Paratyphusbazillen bzw. Ruhrbazillen angestellt.

Was läßt sich gegen die Exaktheit der Widalschen Probe einwenden?

Serum von Typhus-Schutzgeimpften agglutiniert Typhusbazillen; ebenso soll das Serum Ikterischer zuweilen positive Widalsche Reaktion geben.

Welche Infektionsquellen spielen beim Typhus eine Hauptrolle?

1. Die Absonderungen der Kranken (Kot, Urin, Sputum).

2. Die ersten nicht in ärztliche Behandlung gelangenden Fälle.

3. Die Leichtkranken (Kinder).

4. Die Typhusträger: Entweder

a) Rekonvaleszenten, die noch Monate evtl. auch Jahre Typhusbazillen ausscheiden (Dauerausscheider, vorwiegend ältere Frauen), oder

b) unempfängliche infizierte Individuen, die nicht erkranken (Bazillenträger).

5. Wäsche, Kleider, Grubeninhalt und die Bodenoberfläche, Schachtbrunnen (Infektion von der Bodenoberfläche aus), Trinkwasser aus Flüssen.

6. Nahrungsmittel: z. B. Milch, die mit Typhus infiziertem Wasser verdünnt oder in mit derartigem Wasser gereinigten Gefäßen aufbewahrt wird. (Gewöhnlich Infektion von Dauerausscheidern.)

Hier spielen auch die Fliegen eine wichtige Rolle für die Verbreitung des Typhus.

Welche Lebensalter sind am meisten für Typhusinfektionen disponiert?

Das 15.—30. Lebensjahr.

Bleibt nach dem einmaligen Überstehen des Typhus eine gewisse Immunität zurück?

Ja, sie dauert jahrelang. Rezidive sind nach 5—10 Jahren beobachtet.

Wie bekämpft man den Typhus?

1. Durch eine rasche, sichere Diagnose, die klinisch häufig, besonders bei leichten Erkrankungen und bei abnormem Krankheitsverlauf nicht gestellt werden kann. Hier muß die bakteriologisch-serologische Untersuchung herangezogen werden.

2. Durch Auffindung der Typhusbazillenträger und Dauerausscheider.

3. Durch Isolierung des Erkrankten und polizeiliche Meldung. Am besten Überführung des Kranken in ein Krankenhaus.

4. Durch laufende und Schlußdesinfektion.

5. Durch Untersuchung der Umgebung des Kranken und Überwachung der Verdachtsfälle.

6. Durch Aufklärung der Bazillenträger über ihre Allgemeingefährlichkeit, die bedingt wird durch Unterlassen

von Desinfektion der Hände und der Dejekte.

7. Durch Verbesserung der Wasserversorgung und der Entfernung der Abfallstoffe.

8. Durch prophylaktische aktive Immunisierung mit Typhusbazillen (subkutan), die eine Stunde im Wasserbade bei 55—56° abgetötet sind (Dauer des Schutzes ca. 6 Monate).

Hat die Serumtherapie bei Typhus Erfolge aufzuweisen?

Nein.

Welche Verfahren kommen für die Züchtung der Typhusbazillen aus Wasser in Anwendung?

1. Das Hessesche Verfahren: Filtration größerer Wassermengen mittels Berkefeldfilter und die durch Rückspülung abgeschwemmte bakterienhaltige Flüssigkeit auf Platten verarbeiten oder Verdunstung von je 5—10 ccm Wasser auf Endo-Nährböden.

2. Das Fällungsverfahren nach Müller.

3 Liter Wasser + 5 ccm Liqu. ferri oxychlorati. Nach einigen Stunden vorsichtig vom Bodensatz abgießen, Bodensatz zentrifugieren. Aussaat auf Platten (Malachitgrünagar, Endo- und Drigalskiagar).

8. Paratyphusbazillen.

Man unterscheidet einen Paratyphus-A- und einen Paratyphus-B-Bazillus. Nennen Sie mir das morphologische und kulturelle Verhalten des Paratyphus-B-Bazillus?

Er ist ein sehr lebhaft bewegliches, gramnegatives Stäbchen, das Lackmusmolke anfangs rötet, später bläut (Unterschied von Paratyphus-A-Bazillen), in Neutralrotagar Gas bildet und ihn reduziert, das durch Paratyphus-B-Serum hoch agglutiniert wird.

Welche Bazillen der Typhusgruppe rufen Fleischvergiftung hervor?

Der Paratyphus-B-Bazillus, der Bacillus enteritidis Gärtner. Letzterer ist bei Verfütterung sofort pathogen und bildet koktostabile Ektotoxine.

Wie kommen die „Fleischvergiftungen" zustande?

Durch den Genuß von Fleisch eines kranken Tieres (Notschlachtungen) oder dadurch, daß Bakterien nachträglich das Fleisch infizieren und durchwuchern.

9. Bacterium coli.

Wo findet sich das Bacterium coli commune (Escherich)?	In großen Mengen im Darm eines jeden Menschen; es spielt daselbst vermöge seiner Fähigkeit, Kohlehydrate und Eiweiß zu zersetzen, eine bedeutsame Rolle (Einschränkung der Darmfäulnis).
Wie sieht das Bacterium coli aus?	Es ist ein plumpes, gerades an den Ecken abgerundetes gramnegatives Stäbchen mit peritrich angeordneten kurzen zarten Geißeln. Eigenbewegung vorhanden.
Wie sehen die Kolikolonien auf der Agaroberfläche aus?	Sie gleichen denen der Typhusbazillen, sind aber für gewöhnlich dicker und größer; bei durchfallendem Lichte weisen sie einen irisierenden Glanz auf.
Unterschied zwischen Warm- und Kaltblüter-Kolistämmen?	Die aus dem Warmblüter stammenden Arten vergären Traubenzucker noch bei 46 °C, während die Kolibazillen der Kaltblüter diese Fähigkeit nur bei niedrigeren Temperaturen aufweisen.
Nennen Sie mir einige kulturelle Unterscheidungsmerkmale der Kolibazillen.	Die Kolibazillen vergären Traubenzucker und meist auch Milchzucker unter Säure und Gasbildung. Sie bringen Milch zur Gerinnung. In Bouillon bilden sie Indol; auf Drigalskiplatten wachsen sie als große rote Kolonien.
Wann können Kolibazillen pathogene Wirkung entfalten?	Wenn sie in empfänglichere Gebiete verschleppt werden. (Katarrh der Gallenwege; Peritonitis nach Darmperforation, Zystitis.)

10. Ruhrbazillen.

Die in unseren Breiten vorkommende Ruhr ist bazillärer Art. Sie wird durch den Ruhrbazillus (Kruse-Shiga) hervorgerufen. Wodurch unterscheidet er sich vom Typhusbazillus?	Durch seine Unbeweglichkeit und seine plumpe Gestalt. Die auf künstlichen Nährböden gewachsenen Ruhrbazillen sind durch ihren spermaartigen Geruch charakterisiert. Weiter wird der Ruhrbazillus durch Ruhrserum agglutiniert. Seine Resistenz ist bedeutend geringer als die des Typhusbazillus. In Substraten mit saurer Reaktion stirbt er bald ab.

Wie gelingt die Züchtung der Ruhrbazillen am leichtesten und sichersten?

Aus frisch entleerten, noch warmen Stühlen, und zwar aus den Schleimflöckchen, die man zweckmäßig in steriler 0,85%iger NaCl-Lösung abspült und dann auf Endoagar oder Lackmusnutroseagar ohne Kristallviolettzusatz ausstreicht. Auf letzterem Nährboden wachsen Ruhrbazillen blau, wie Typhusbazillen; auf Endoagar ebenfalls wie Typhusbazillen farblos.

Welche Unterscheidungsmerkmale zeigen die Ruhrbazillen auf folgenden Nährböden: Lackmusmannitagar, Lackmusmaltoseagar und Lackmussaccharoseagar?

	Lackmusmannitagar	Lackmusmaltoseagar	Lackmussaccharoseagar
Bac. dys. Kruse-Shiga	blau	blau	blau
„ „ Flexner	rot	rot	blau
„ „ Y	rot	blau	blau

Bilden die Dysenteriebazillen ein Toxin?

Ja, ein hitzeempfindliches Toxin (Endo-Ektotoxin), das nach intravenöser Injektion bei Kaninchen Lähmungen und eine hämorrhagische Entzündung des Dickdarms hervorruft und ein hitzebeständiges Toxin (Endotoxin), das Meerschweinchen unter Temperaturabfall abtötet.

Eignen sich abgetötete Ruhrbazillen daher zur aktiven Immunisierung?

Nein. Sie lösen beim Menschen heftige Reaktionserscheinungen aus.

Kennen Sie neuere beim Menschen angewendete Immunisierungsverfahren gegen Ruhr?

Die prophylaktische Impfung gesunder Menschen mit dem toxisch-antitoxischen Ruhrbazillenimpfstoff (Dysbakta-Boehncke). Dieser Impfstoff enthält Dysenterie- und Pseudodysenteriebazillen, Gift und Antitoxin.

Injektion 1. Tag 0,5 ccm. 5. Tag 1,0 ccm. 10. Tag 1,5 ccm subkutan einen Querfingerbreit unterhalb des Schlüsselbeins. Falls besondere Beschleunigung in der Durchführung dringend geboten erscheint, kann die Impfung auch zweizeitig geschehen, und zwar

1. Tag 1,0 ccm. 6. Tag 2,0 ccm. Kinder unter 14 Jahren erhalten die Hälfte der angegebenen Dosen.

Für frische Ruhrfälle eignet sich die Behandlung mit Ruhrheilstoff-Boehncke (Dysenteriebazillen + Pseudodysenteriebazillen, die mittels Karbol abgetötet sind, + Dysenterieantitoxin).

Dosierung: 1. Tag 0,2—0,3 ccm subk.
Nach 20—30 Std. 0,5—0,75 ccm subk.
„ weit. 20—30 „ 0,75—1,0 „ „
und steigend in gleichen Abständen bis 2,0 ccm subkutan.

Wie verbreitet sich die Ruhr?

1. Durch Kontakt,
2. durch Nahrungsmittel,
3. selten durch Brunnenwasser,
4. durch Fliegen.

Gelten für die Bekämpfung der Ruhr dieselben Maßnahmen wie für Typhus?

Ja.

Das Ruhrserum hat sich therapeutisch und prophylaktisch bewährt. Worauf beruht seine Wirksamkeit?

Auf antitoxischen, bakteriziden und bakteriotropen Substanzen.

Welche Therapie wird bei schweren und schwersten Ruhrfällen empfohlen, wo die toxischen Erscheinungen das Krankheitsbild beherrschen?

Die Kombination der (passiven) Ruhrserumtherapie mit der (aktiven) Ruhrheilstofftherapie.

Intramuskulär oder in bedrohlichen Fällen auch intravenös 20—30 ccm bakterizid-antitoxisches Dysenterieserum R. E. (Boehncke). 6—12 Std. später Injektion von 0,2—0,3 ccm Ruhrheilstoff Boehncke (s. o.) subkutan. Nach Verlauf von 24—30 Std. erforderlichenfalls Wiederholung der Seruminjektion (meist nicht nötig) und Fortsetzung der Heilstoffbehandlung wie angegeben.

Welche weniger giftigen Typen von Ruhrbazillen kennen Sie noch?

Die Typen „Flexner“ und „Y“, die von Kruse als Pseudodysenteriebazillen bezeichnet worden sind. Sie werden nicht durch Dysenterieserum (Kruse-Shiga) agglutiniert.

Wo tritt die durch Pseudoruhrbazillen hervorgerufene Infektion öfters auf?

Beim Militär, bei Kindern (sporadisch und epidemisch) und in Irrenanstalten (endemisch).

11. Pathogene Kapselbazillen.

Ein selten bei der menschlichen Pneumonie vorkommender Bazillus ist der Pneumobacillus Friedländer. Was wissen Sie über seine Morphologie?

Er ist ein kurzes, unbewegliches Stäbchen, gramnegativ, bildet durch Aneinanderlagerung mehrerer Bazillen kurze Fäden. Im Tierkörper ist er von einer Kapsel umgeben.

Wie verhält er sich auf Nährböden in bezug auf Wachstum?

Er wächst auf allen gebräuchlichen Nährböden schon bei 20°. Die Kulturmasse ist fadenziehend, Traubenzuckerlösungen werden vergoren, wobei Gas und Säure gebildet wird.

Ist er pathogen?

Die Pathogenität ist gering. Bei Einführung genügender Mengen ins Unterhautzellgewebe und in die serösen Höhlen lassen sich Mäuse und Meerschweinchen leicht infizieren. Durch Inhalation verstäubter Kulturen ist es ebenfalls gelungen, Versuchstiere zu infizieren.

Welche Bazillen sind den Friedländerschen Pneumoniebazillen nahe verwandt?

Die Kapselbazillen, die in der Nase von Ozänakranken gefunden wurden; auch die bei Rhinosklerom nachgewiesenen Bakterien.

12. Gruppe der hämorrhagischen Septikämie. Bacillus pestis (Pestbazillus).

Welche Bazillen gehören zur Gruppe der hämorrhagischen Septikämie?

Der Erreger der Hühnercholera, der Wildseuche, der Kaninchenseptikämie, der Schweineseuche und der Pestbazillus.

Nennen Sie mir die morphologischen und kulturellen Eigentümlichkeiten des Pestbazillus.

Er ist ein kurzes, plumpes, unbewegliches, sporenfreies, nach Gram negatives Stäbchen, das sich hauptsächlich an den Polenden färbt. In den Bubonen und in der Leiche bildet er Involutionsformen. Er ist gegen Austrocknung sehr empfindlich.

In Bouillon wächst er in Ketten und Stalaktitenform; auf Gelatineplatten bildet er nicht verflüssigende Kolonien mit unregelmäßig gezacktem, hellem, fein granuliertem Rande. Die Resistenz ist gering.

Wie geht man vor, wenn man eine schöne charakteristische Polfärbung der Pestbazillen erhalten will?

Das lufttrocken gewordene Präparat wird 1 Minute in Alcohol absol. fixiert. Durch Abbrennen wird der Rest des Alkohols von dem Präparat entfernt, das alsdann am besten mit dünner wäßriger Methylenblaulösung gefärbt wird.

Welche Eigentümlichkeit kommt dem Pestbazillus außer seinem charakteristischen färberischen Verhalten im Gegensatz zu allen anderen pathogenen Mikroorganismen noch zu?

Daß er noch bei niederen Temperaturen, selbst im Eisschrank (bei + 5°) zu wachsen vermag. Praktische Verwendung dieses Verfahrens daher zur Herauszüchtung des Pestbazillus aus Bakteriengemischen.

Welche Tiere sind für Pest empfänglich?

Die Nager, z. B. Ratten und Murmeltiere (Arctomys bobac. Tarbaganen). Auf Meerschweinchen, Mäuse, Kaninchen und Affen kann die Pest künstlich übertragen werden.

Auf welche Weise infiziert man die Laboratoriumstiere?

M e e r s c h w e i n c h e n intraperitoneal oder subkutan, oder durch kutane Verreibung des Materials auf die rasierte Bauchhaut. R a t t e n durch Einstechen der infizierten Nadel in die Schwanzwurzel, durch Aufstreichen auf die unverletzte Konjunktiva oder Nasenschleimhaut und durch Verfütterung.

Welches Material eignet sich für die Impfung der Versuchstiere?

Pustelinhalt, Blut, Sputum, Harn, Drüsensaft, Milz und Lungenteile.

Wo sind noch endemische Pestzentren, von denen von Zeit zu Zeit Epidemien sich ausbreiten?

Im westlichen Himalaya, in Tibet, in Ägypten, im Nordwesten von Deutsch-Ostafrika, in Südamerika.

Auf welche Weise kommt die Pestinfektion zustande?

1. Von der Haut aus (Pusteln, Furunkeln, Pestbubo). In 30—50% der Fälle Heilung.

2. Durch die Blutbahn. Prognose ungünstig (Pneumonie und Darmpest).

3. Durch Einatmung (primäre Pestpneumonie). Prognose ungünstig.

Welche Infektionsquellen kommen bei Pest in Frage?

1. Der an Bubonenpest Erkrankte bietet kaum eine Infektionsgefahr.

2. Der an primärer oder sekundärer Pestpneumonie Erkrankte kommt als

Infektionsquelle stark in Betracht (Tröpfcheninfektion des Sputums).

3. Die Infektion wird von Haus- oder Wanderratten, insbesondere durch Flöhe (Pulex cheopis) übertragen.

4. Evtl. indirekte Infektion durch Wohnung, Wäsche, Kleidung.

Hinterläßt das Überstehen einer Pesterkrankung eine Schutzwirkung gegen neue Infektion?

Ja.

Auf welchem Wege kommt es hin und wieder zur Einschleppung von Pest in Europa?

Durch Schiffe, auf denen pestkranke Ratten sich befinden.

Wie wird die Pest wirksam bekämpft?

1. Schiffe, auf denen pestverdächtige Ratten oder auffällig viele tote Ratten vorgekommen sind, werden einer 10tägigen Quarantäne unterworfen. Bakteriologische Feststellung notwendig.

2. Durch Überwachung des Grenzverkehrs mit einem verseuchten Nachbarlande.

3. Durch bakteriologische Sicherung der Diagnose in besonderen Pestlaboratorien nach der Einschleppung einer verdächtigen Erkrankung.

4. Durch Isolierung des Kranken.

5. Desinfektion der Häuser resp. Schiffe und Vernichtung der Ratten.

6. Immunisierung des Pflegepersonals.

Wie desinfiziert man die Schiffe?

Entweder mit dem unexplosibelen Generatorgas (5% CO, 18% CO_2, 77% N) oder mit dem Claytonapparat (SO_2).

Wie kann man beim Menschen eine künstliche Immunität gegen Pest hervorrufen?

Durch aktive Immunisierung mit abgetöteten Pestbazillen. Sie empfiehlt sich bei Personen, die der Pest ausgesetzt sind, wie z. B. Ärzte, Krankenpfleger.

Welche Immunkörper enthält ein Pestserum (Pferd), das durch Immunisierung mit abgetöteten und lebenden virulenten Pestkulturen gewonnen wurde?

Agglutinine, Bakteriolysine.

Worauf beruht die Wirkung eines auf die angegebene Weise gewonnenen Pestserums?

Auf Bakteriotropinen und Antiendotoxinen.

Auf welchen Zeitraum erstreckt sich die Schutzwirkung?

Auf 3—4 Wochen.

13. Gruppe der hämoglobinophilen Bazillen.

Bacillus influenzae.

Die gramnegativen, unbeweglichen, zu den kleinsten Mikroorganismen zählenden Influenzabazillen (1892 von R. Pfeiffer beobachtet) sind äußerst labile Gebilde, kurze, oft diplokokkenähnliche Bazillen, die sich an den Polen stärker färben als in der Mitte. Gelingt ihre Züchtung leicht?

Nein. Sie gelingt nur auf einem hämoglobinhaltigen Nährsubstrat (Taubenblut). Hier wachsen sie als feinste glasartige Tröpfchen. In Symbiose mit gewissen anderen Bakterien gedeihen die Influenzabazillen auch gut auf gewöhnlichem Agar.

Welche Bazillen sind dem Influenzabazillus morphologisch und biologisch sehr ähnlich?

Der Keuchhustenbazillus, der Koch-Weekssche Bazillus, der bei bestimmten Bindehauterkrankungen vorkommt.

Wie isoliert man den Influenzabazillus aus dem Ausgangsmaterial?

Bronchialsputum wird mehrere Male nacheinander durch Spülen in sterilem Wasser vom anhaftenden Mundschleim befreit. Aussaat auf Nährböden mit Blutzusatz oder auf Glyzerinagar. Nach 24stündiger Bebrütung bei 37° sind auf dem Blutnährboden ganz feine tautropfenähnliche Kolonien entstanden. Die gewöhnlichen Nährböden sind steril geblieben. Saft aus bronchopneumonischen Lungenpartien wird mit 1—2 ccm Bouillon verdünnt und dann ebenfalls auf Nährböden ausgestrichen.

Wie verbreitet sich die durch den Influenzabazillus hervorgerufene Influenza (Grippe)?

Von Mensch zu Mensch; Berührung z. B. der Taschentücher, der Hände des Kranken mit nachfolgender Infektion der eigenen Schleimhaut (Nase, Rachen). Dann durch Sputumtröpfchen.

Wie steht es mit der Immunität nach Überstehen der Krankheit?	Die Immunität ist nur von kurzer Dauer.
Wie sucht man sich gegen die Influenza zu schützen?	Dadurch, daß man in Influenzazeiten den Verkehr mit Kranken meidet. Schutzimpfungen sind bisher ergebnislos geblieben.

Bacillus des Keuchhustens (Bordet-Gengou).

Wie sieht der Keuchhustenbazillus aus?	Er ist ein dem Influenzabazillus ähnliches, kleines ovoides Stäbchen, das sich gramnegativ verhält, unbeweglich und sporenfrei ist.
Ist er leicht auf gewöhnlichem Agar zu züchten?	Nein. Am besten gelingt die Kultur auf Menschenblutagar und erst später auch auf blutfreiem Agar. Die Kolonien sehen dick und weißlich aus.
Wodurch unterscheidet er sich vom Influenzabazillus?	Durch seine Hämolysebildung auf Blutagar und Agglutination mit homologem Serum (Pferd, Kaninchen).
Ist es gelungen, Keuchhusten experimentell mit Reinkulturen zu erzeugen?	Bei Affen und Hunden konnte man mit Reinkulturen typischen Keuchhusten auslösen.
Wie stellt man sich die Übertragung des Keuchhustens vor?	Durch Tröpfcheninfektion und Kontakt.
Ist die Serumtherapie bisher gelungen?	Nein.

14. Bazillus des Schweinerotlaufs.

Wo findet er sich?	Im Blut und in den Organen an Rotlauf verendeter Schweine.
Wie verhält er sich morphologisch und kulturell?	Es ist ein grampositives Stäbchen, das auf gewöhnlichem Nährboden leicht zu züchten ist und schleierartig feine Kolonien bildet.
Welche Tiere lassen sich mit ihm leicht infizieren?	Mäuse, Kaninchen und Tauben; auch gelegentlich für den Menschen pathogen.
Welcher Erreger ähnelt dem Bazillus des Schweinerotlaufs?	Der Erreger der Mäuseseptikämie.

15. Micrococcus melitensis.

Was wissen Sie mir über den Erreger des Maltafiebers zu sagen?

Der Erreger des **Maltafiebers** ist ein unbewegliches, elliptisch aussehendes Bakterium, das an der Grenze zwischen Stäbchen und Kokkus steht, spärliches Wachstum auf künstlichen Nährböden aufweist. Er findet sich im Blut, in der Milz und Leber. Durch Ziegenmilch wird die Krankheit in 10% der Fälle übertragen. Das Maltaserum enthält Agglutinine; therapeutisch wird es mit Erfolg benutzt.

Diphtherideen.

16. Bacillus diphtheriae (Diphtheriebazillus).

Woran erkennen Sie in gefärbten Präparaten sofort, daß Sie Diphtheriebazillen vor sich haben?

An der Form und Lagerung. Die jungen Individuen zeigen die Form eines kurzen Keils; die älteren sind länger, zeigen leicht angedeutete Krümmung, zuweilen keulenartige Auftreibung eines oder beider Enden. Lagerung wie „gespreizte Finger“ oder V-Form oder Y-Form oder palissadenartig.

Ältere Kulturen (9—20 Stunden) zeigen mit der **Neißerfärbung** (essigsaures Methylenblau und Chrysoidin) Polkörperchen (blaue metachromatische Körnchen im braungefärbten Bazillenleib [Volutin]).

Färbemethode siehe Allg. Teil.

Das Tuschepräparat nach Burri gibt ebenfalls gute Bilder.

Welcher Nährboden gilt als Elektivnährboden für Diphtheriebazillen?

Das **Löfflersche** Blutserumgemisch, (3 Teile Serum + 1 Teil Dextrose-Peptonbouillon), das bei 90° in Petrischalen zum Erstarren gebracht wird. Auf diesem elfenbeinfarbigen Nährboden wird das diphtherieverdächtige Material ausgestrichen. Schon nach 4 bis 6 Stunden sind darauf Diphtheriebazillenkolonien als kleine, weißgraue, schleimige Tröpfchen mit leichtem Stich ins Gelbliche gewachsen.

Kennen Sie noch weitere Charakteristika des Diphtheriebazillus?

Säuerung in dextrose-, fruktose- und mannosehaltigen Nährböden, kräftige Reduktion und Giftbildung (Unterscheidungsmerkmal von Pseudodiphtherie- und Xerosebazillen).

Wo findet man Pseudodiphtheriebazillen und Xerosebazillen?

Auf gesunder und erkrankter Haut und Schleimhaut. (Nase, Konjunktiva.)

Wie stellt man das Diphtheriegift her?

Man züchtet Diphtheriebazillen bei 37° in Kolben mit Bouillon. Die Diphtheriebazillen müssen als Haut auf der Oberfläche der Bouillon wachsen. Nach ca. 4 Wochen enthält die Bouillon das Gift. Gewinnung desselben nach keimfreiem Filtrieren der Bouillon. — Abtöten auch durch Toluolüberschichtung. — Zum Filtrat, das das Gift enthält, $^1/_2$% Karbolsäure zwecks Konservierung.

Sind Diphtheriebazillen sehr resistent gegenüber äußeren Einflüssen?

Nein. Eintrocknen, Hitze und chemische Desinfizientien vernichten sie bald.

Will man feststellen, ob der gefundene Erreger wirklich ein Diphtheriebazillus ist, wird der Tierversuch eingeleitet. Wie wird er ausgeführt?

Es wird einem Meerschweinchen von 200 g 1 große Platinöse Serumreinkultur oder 0,2—1,0 ccm Bouillonreinkultur von Diphtheriebazillen subkutan injiziert (Brust). Bei Diphtherie erfolgt der Tod des Tieres innerhalb 3—4 Tagen. Bei der gleichgroßen Dosis Di-Kultur gemischt mit einer reichlichen Menge D.-Heilserum (0,2 ccm 200faches Serum und mehr) bleibt das Tier am Leben.

In neuerer Zeit wird die intrakutane Methode von Römer, die eine Ersparnis an Tiermaterial bedeutet, da man Versuch und Antitoxinkontrolle, ebenso wie die Prüfung verschiedener Stämme an ein und demselben Tier ausführen kann, angewendet.

Anstellung des Versuches:

Kultur	Antitoxinkontrolle
$^1/_{10}$, $^1/_{100}$, $^1/_{1000}$ } Davon 0,1 ccm intrakutan	0,05 ccm von der Kultur (Verdünnung $^1/_{10}$) + $^1/_2$ A. E. in 0,05 ccm.

Was findet man bei der Sektion der Tiere?

Ödem an der Injektionsstelle, pleuritische Ergüsse, Hyperämie der Neben-

	nieren. In den inneren Organen keine Bazillen.
Wodurch werden die Krankheitserscheinungen bedingt?	Teils durch die löslichen Toxine, teils durch die Toxone (Herztod).
Wie wird die Diphtherie verbreitet?	Durch Ansteckung von Mensch zu Mensch (Inkubation 2—3 Tage).
Wie lange sind beim Rekonvaleszenten Diphtheriebazillen noch nachzuweisen?	Wochen- und monatelang.
Gibt es bei der Diphtherie auch Bazillenträger?	Ja.
Welche Infektionsquellen kommen demnach bei der Diphtherie in Betracht?	1. Der erkrankte Mensch. 2. Die Bazillenträger. 3. Die ausgehusteten Membranen, Sputa, verunreinigte Gegenstände, wie Eß- und Trinkgeschirre, Löffel, Taschentücher.
Haben die bei Kälbern, Hühnern, Tauben usw. vorkommenden diphtherieartigen Erkrankungen mit der menschlichen Diphtherie etwas zu tun?	Nein.
Wie bekämpft man die Diphtherie erfolgreich?	1. Durch sichere, schnelle bakteriologische Untersuchung (Originalpräparat und kulturellen Nachweis nach 6—8, 12 und 24 Std.). 2. Durch Meldung, Isolierung (mindestens 4 Wochen). 3. Durch Desinfektion. 4. Durch Zurückhaltung der Geschwister erkrankter Kinder vom Schulbesuch und Verkehr mit anderen Kindern. 5. Durch prophylaktische Seruminjektion sämtlicher Menschen aus der Umgebung des Diphtheriekranken.
Wie gewinnt man das Diphtherieserum?	Von Pferden, die mit Diphtherietoxin aktiv immunisiert werden. Der Antitoxingehalt des Serums wird fortdauernd geprüft.
Welche Methoden werden bei der Prüfung des Diph-	1. Früher die Methode, die von einem Diphtherienormalgift ausging.

therieserums auf seinen Antitoxingehalt angewendet?

2. Jetzt die Methode, die ein Normal-Antitoxin als Ausgangspunkt für die Kontrolle darstellt.

Wie viele I. E. injiziert man prophylaktisch?

200 I. E. Der Schutz hält 3—4 Wochen an.

Eine langdauernde Immunität suchte v. **Behring** durch die aktive Immunisierung mit seinem Diphtherietoxin — Antitoxingemisch beim Menschen zu erzielen. Wie geht man bei der Impfung vor?

Das Toxin-Antitoxingemisch, das im Meerschweinchenversuch neutral reagiert, wird intrakutan am Rücken verimpft. Die Höhe der Antitoxinkurve wird am 20.—25. Tage nach der Injektion erreicht. Die Antitoxinwerte schwanken zwischen 30 000 und 200 000 Antitoxineinheiten im Gesamtblute. Es wurde festgestellt, daß eine Antitoxinmenge von $^{1}/_{100}$—$^{1}/_{20}$ I. E. im Kubikzentimeter Blut den Menschen vor Erkrankung an Diphtherie schützt. 2 Injektionen in 10—14tägigen Zwischen räumen genügen, um langdauernden Schutz zu erzielen. Anwendung für Umgebungsimpfungen bei Diphtherieepidemien (Schulen, Krankenhäuser und Pflegepersonal in Diphtheriestationen).

Kommt dem Diphtherieserum eine hohe therapeutische Wirksamkeit zu?

Ja.

1500—3000 I. E. werden in frischen Fällen, höhere Dosen in schweren Fällen gegeben. Bei Serumbehandlung am

1.	Krankheitstage	100%	Heilungen,
2.	„	4%	Todesfälle,
3.	„	12%	„
4.	„	22%	„
6.	„	52%	„

Kennen Sie eine Form der Angina, die der diphtherischen sehr ähnlich sieht?

Die Plaut-Vincent'sche Angina, bei der man **keine** Diphtheriebazillen, sondern **fusiforme Bazillen** und **Spirillen** findet, die sich beide gramnegativ verhalten. (Färbung am besten mit verdünnter Karbolfuchsinlösung; daneben Tuschepräparat anfertigen.)

17. Bacillus mallei (Rotzbazillus).

Ist der Rotz eine für den Menschen gefährliche Erkrankung?

Ja, er ist für den Menschen meist tödlich.

Wodurch wird er übertragen?

Durch den Rotzbazillus, ein den Tuberkelbazillen ähnliches, unbewegliches, nicht säurefestes Stäbchen, das sich gramnegativ verhält, auf erstarrtem Blutserum in glasigen Tropfen wächst.

Wie gewinnt man das Mallein?

Durch Einengen und Filtrieren von Glyzerinbouillonkulturen.

Bei welchen Tieren kommt Rotz am häufigsten vor?

Bei Pferden und Eseln (90% in chronischer, 10% in akuter Form).

Welche Versuchstiere eignen sich für die Erzeugung von Rotz?

Ziegen, Katzen, unter Umständen Kaninchen. Am sichersten gelingt die Infektion bei Meerschweinchen, Feldmäusen und Zieseln.

Da die mikroskopische Deutung der Präparate kaum zur sicheren Diagnose führt, ist eine Verimpfung des Materials oder der Kultur auf männliche Meerschweinchen (Straußsche Methode) notwendig. Nennen Sie mir die charakteristischen Symptome beim Meerschweinchen.

Nach intraperitonealer Impfung oder nach subkutaner Injektion bei verunreinigtem Material tritt beim männlichen Meerschweinchen eine entzündliche eiterige Infiltration in die Tunica vaginalis des Hodens auf. Die Sektion ergibt gelbliche Knötchen in Lunge, Leber und Milz (Tod der Tiere nach $1^{1}/_{2}$—6 Wochen), die Rotzbazillen in Reinkultur enthalten.

Auf welche Weise kann man sich sonst Gewißheit darüber verschaffen, ob die gewonnene Kultur eine Rotzkultur ist oder nicht?

Durch Agglutination derselben mit agglutinierendem Rotzserum (von Pferden gewonnen).

Wie kann man serologisch feststellen, ob es sich bei den Erkrankten um Rotz handelt oder nicht?

1. Durch die Widalsche Reaktion (Agglutination). (Serum des verdächtigen kranken Menschen oder Tieres + 3 Stunden bei 60° abgetötete Rotzkultur; 24 Stunden Brutschrank.)
2. Durch Präzipitation (Mallein wird auf das Serum vorsichtig geschichtet).
3. Durch Komplementbindung.

Welche andere Probe gibt bei rotzigen Tieren eine rasche und zuverlässige Diagnose?

Die Malleinprobe:

a) subkutane Anwendung.
b) kutane Anwendung,
c) konjunktivale Anwendung.

Die aktive Immunisierung mit abgeschwächten Erregern und Bazillenextrakt Mallein versagt. Wie bekämpft man den Rotz?

Durch schnelle frühzeitige, sichere Diagnosestellung (Eiter, Nasenschleim, Auswurf, Blut).

Durch Beobachtung krankheitsverdächtiger Personen, der Erkrankten, Isolierung.

Säurefeste Bazillen.

18. Tuberkelbazillen. [R. Koch, 1882.]

<table>
<tr><td>Welches sind die morphologischen und färberischen Merkmale des Tuberkelbazillus?</td><td>Er ist ein schlankes, leicht gekrümmtes Stäbchen (grampositiv und unbeweglich), das mit einer wachsartigen Hülle umgeben ist, durch die seine Säurefestigkeit beding twird, d. h. die einmal eingedrungenen Farbstoffe haften so fest, daß selbst Säure, Alkohol usw. nicht entfärbend wirkt. Auf dieser Eigenschaft beruht die Ehrlich-Ziehl-Neelsensche Doppelfärbung.</td></tr>
<tr><td>Welches Anreicherungsverfahren kennen Sie für Tuberkelbazillen?</td><td>Das Antiforminverfahren nach Uhlenhuth.</td></tr>
<tr><td>Was ist Antiformin?</td><td>Eine Mischung von Liqu. natr. hypochlor. und Liqu. natr. caustici aa.</td></tr>
<tr><td>Wie wird das Antiforminverfahren ausgeführt?</td><td>20 ccm Sputum + 20 ccm 50%iges Antiformin werden im Schüttelzylinder gemischt. 1 Std. homogenisiert, zentrifugiert. Der Bodensatz wird dann untersucht, d. h. ausgestrichen, fixiert, gefärbt und mikroskopiert.</td></tr>
<tr><td>Wie züchtet man den Tuberkelbazillus?</td><td>1. Auf erstarrtem Blutserum (deutliches Wachstum erst nach 14 bis 21 Tagen). Man geht dabei nicht direkt vom Ausgangsmaterial, z. B. Sputum aus, sondern von Leichenteilen oder von Organen infizierter Tiere.
2. Auf Glyzerinagar oder auf Glyzerinbouillon (4%).
3. Auf Gehirnnährböden oder Nährstoff Heyden (Hessescher Nährboden).</td></tr>
<tr><td>Welches sind die gebräuchlichsten Infektionsmethoden bei Laboratoriumstieren?</td><td>1. Die subkutane Injektion von infektiösem Material.
2. Die Inhalationsmethode mit versprayten Aufschwemmungen von Kultur oder Sputum, Eiter.
3. Die Verfütterung von Nahrung mit Tuberkelbazillen.
4. Die intravenöse Injektion.
5. Impfungen in die vordere Augenkammer.</td></tr>
</table>

Worüber gibt der Tierversuch Aufschluß?

Ob es sich bei den verdächtigen Bakterien wirklich um Tuberkelbazillen oder andere säurefeste Bakterien (Lepra- und Smegmabazillen, letztere im Urin) handelt. Die säurefesten Bakterien sind für Tiere nicht pathogen.

Worauf beruht die pathogene Wirkung der Tuberkelbazillen?

Auf der Bildung von Ekto- und Endotoxinen. Die Ektotoxine wirken fieber- und entzündungserregend, die Endotoxine rufen Nekrose und Verkäsung mit allgemeiner Kachexie hervor.

Was wissen Sie über die Resistenz des Tuberkelbazillus?

Gegen Austrocknung ist er wenig empfindlich, Sonnenlicht tötet ihn in 1—3 Stunden, Temperaturen von 85° in 1 Minute, von 65° in 15 Minuten ab. Sublimat (5 pro Mille) wirkt in 2 Stunden abtötend.

Welche verschiedenen Typen des Tuberkelbazillus kennen Sie?

1. Den Typus humanus.
2. Den Typus bovinus.
3. Den Typus gallinaceus.
4. Die Bazillen der Kaltblütertuberkulose.
5. Saprophytisch säurefeste Bazillen (Timothee, Smegma usw.).

Ist die Tuberkulose in der gemäßigten Zone sehr verbreitet?

Ja; 12% aller Todesfälle sind hier durch Phthise bedingt. Erreger fast ausschließlich der Typus humanus.

Welches sind die Hauptinfektionsquellen und Infektionswege für die Tuberkulose?

1. Die Kontaktinfektion (Schmutz- und Schmierinfektion).
2. Die Stäubcheninfektion.
3. Die Tröpfcheninfektion (Husten).
4. Genußmittel, in denen der Typus bovinus enthalten ist (Butter, Milch, tuberkulöses Fleisch).

Wie bekämpft man die Tuberkulose?

1. Durch Erkennung der Krankheit.
2. Meldepflicht.
3. Isolierung des Kranken.

Wie erkennt man die Krankheit?

1. Durch mikroskopischen Nachweis von Tuberkelbazillen im Sputum.
2. Durch Prüfung mit Tuberkulin:
   a) Kutanreaktion nach v. Pirquet.
   b) Perkutanreaktion (Moro). (Tuberkulinsalbe.)

c) Intrakutanreaktion (Römer). (Verdünntes Tuberkulin.)
d) Ophthalmoreaktion (Calmette, Wolff-Eisner).
e) Subkutane Tuberkulinprobe (Koch).

3. Durch Bestimmung des opsonischen Index nach Wright (umständlich).
4. Durch Komplementbindung (unsicher).
5. Durch den anaphylaktischen Versuch (unsicher).

Wie isoliert man zweckmäßig Tuberkulöse?

1. In Lungenheilstätten (Anfangsstadien).
2. In Rekonvaleszentenheimen, ländlichen Arbeiterkolonien, in Walderholungsstätten.
3. In Heimstätten für schwere unheilbare Fälle.

Welche Wohlfahrtseinrichtungen sorgen für die Feststellung des Leidens?

Die Polikliniken, die mit einer Fürsorgestelle verbunden sind.

Wie kann man die Allgemeinheit vor Ansteckung möglichst schützen?

Durch Aufstellen von Spucknäpfen, durch Benützung von Spuckfläschchen, Gebrauch von Papiertaschentüchern, durch Vermeidung von Staubentwicklung in Räumen mit Phthisikern, durch Desinfektion der Wohnungen von Phthisikern, durch Schutz gegen Tröpfcheninfektion.

Was wissen Sie über Immunisierungsversuche gegen Tuberkulose?

1. Aktive Immunisierung beim Menschen.
a) mit lebenden Kulturen,
b) mit Kulturextrakten (Koch sches Alt-Tuberkulin und Neu-Tuberkulin).
2. Passive Immunisierung:
Serum von Pferden, die mit Toxalbuminen der Tuberkelbazillen und Tuberkulin vorbehandelt sind (Maragliano) oder Serum von Pferden, die mit autogenen jungen Tuberkelbazillen behandelt sind (Marmorek).

Was ist Alt-Tuberkulin?

Das Tuberkulin Koch-Alt wird aus Glyzerinbouillonkulturen des Tuberkelbazillus vom Typus humanus hergestellt, welche nach vorheriger Abtötung auf

	$^{1}/_{10}$ ihres Volumens eingeengt werden. Durch Filtrieren wird die Flüssigkeit von den Tuberkelbazillen befreit.
Was ist Neu-Tuberkulin?	Tuberkelbazillen werden trocken verrieben, in Wasser aufgeschwemmt, zentrifugiert. Man erhält das Zentrifugat (TO), die löslichen Bestandteile und den unlöslichen Rückstand (TR), der das wirksame Agens für die Erzielung einer Immunität darstellt.
Woraus besteht das Präparat Neu-Tuberkulin — Bazillenemulsion?	Aus einer Aufschwemmung von einem Teil pulverisierter Tuberkelbazillen mit 100 Teilen Aqu. dest., der gleiche Teile Glyzerin zugesetzt sind.

19. Bacillus leprae (Aussatzbazillus).

In welchen Ländern findet man den Aussatz noch in größerer Ausbreitung?	In Norwegen, Indien, China, Japan, Südamerika.
Wo finden sich beim Kranken die Leprabazillen?	In den Tumoren der Haut, auf den ulzerierenden Schleimhäuten (besonders der Nase).
Wie sehen die Leprabazillen aus?	Die Leprabazillen sind 3—6 μ lange Stäbchen; sie gleichen den Tuberkelbazillen; sie widerstehen der Entfärbung, wenn auch nicht so energisch wie die Tuberkelbazillen.
Sind Leprabazillen für Tiere pathogen?	Nein.
Wie bekämpft man die Lepra?	Durch Isolierung der Erkrankten in „Leprosorien".

III. Pathogene Vibrionen.

Choleravibrionen [Koch, 1883.]

Beschreiben Sie mir den Choleravibrio?	Ein gramnegatives, kurzes, schwach gekrümmtes Stäbchen (Komma, daher Kommabazillus genannt), das in Zusammenhängen oft längere Schrauben

bildet (10—20 Windungen aufweisend). Seine Beweglichkeit verdankt es einer an einem Polende befindlichen Geißel. Es färbt sich mit verdünntem Karbolfuchsin. Wachstum nur auf stark alkalischen Nährsubstraten.

Wie wachsen die Choleravibrionen auf Gelatineplatten?

Hier bilden sie nach 24 Stunden kleinste, fast „farblose Scheiben mit gebuckelter, welliger Kontur und glänzendhöckeriger Oberfläche". Bald beginnt Verflüssigung der Gelatine einzutreten. Neben diesem hellen Typ kommen auch noch die atypischen Kolonien von dunklerer Farbe ohne Gelatineverflüssigung vor.

Wie müssen die Nährböden zur Züchtung der Choleravibrionen beschaffen sein?

Stark alkalisch.

Wie sehen die Choleravibrionenkulturen auf Agarplatten aus?

Flach, opaleszierend, klar durchsichtig.

Kennen Sie einen Elektivnährboden für Choleravibrionen?

Den Dieudonnéschen Blutalkaliagar, seine Modifikationen von Esch, Lentz, Pilon.

In neuerer Zeit ist noch der Aronsonsche Agar mit Erfolg angewendet.

In welchem flüssigen Nährmedium wachsen die Choleravibrionen außerordentlich rasch?

In Peptonwasser. Wegen ihres Sauerstoffbedürfnisses findet man die Choleravibrionen immer sehr zahlreich an der Oberfläche der Flüssigkeit.

Was bilden sie in Peptonwasser?

Indol + salpetrige Säure (Stoffwechselprodukte). 72 Stunden alte Cholerapeptonkultur + einige Tropfen H_2SO_4 gibt eine rosaviolette Färbung (Cholerarotreaktion).

Was wissen Sie über die bakteriologische Choleradiagnose?

Nach der Anweisung des Bundesrats vom 9. Dez. 1915. v. K. G. A. 1916. wird die Untersuchung von Stuhl, Darminhalt, Erbrochenem folgendermaßen ausgeführt.

a) 1 ccm dieses Materials wird in 50 ccm Peptonwasser gebracht und bei 37° bebrütet. Bei ersten Fällen sind drei solcher Kölbchen anzulegen. Größere Mengen, auch ganzer Darmschlingeninhalt, in 500 ccm Peptonwasser.

b) 4—6 Ösen des evtl. mit Peptonwasser verdünnten Materials auf eine Dieudonnéplatte bringen, mit Glasspatel ausstreichen; außerdem noch eine Dieudonnéplatte und zwei Agarplatten nacheinander ausstreichen. Platten sollen vorgetrocknet sein. In wichtigen Fällen 2 Reihen Platten anlegen. Wenn nur Agarplatten zur Verfügung stehen, diese ausstreichen (1 Öse Material benutzen).

Zugleich wird von einer Schleimflocke ein Originalausstrichpräparat angefertigt und mit verdünntem Karbolfuchsin gefärbt (1 : 10), ein hängender Tropfen in Peptonwasser sofort und nach $^{1}/_{2}$stündiger Bebrütung untersucht. Bei Vorhandensein reichlicher Vibrionen wird Choleraverdacht ausgesprochen.

Nach 5—8stündiger Bebrütung werden von der Oberfläche des angelegten Peptonwassers 4 Ösen auf eine Dieudonnéplatte verrieben und mit Spatel zwei Agarplatten bestrichen. Wiederholung nach 18—24stündiger Bebrütung. Die anfangs ausgestrichenen Platten werden nach 8—16stündiger Bebrütung untersucht. Verdächtige Kolonien werden auf dem Objektträger mit Choleraserum 1 : 100 agglutiniert. Anlegen von Reinkultur und Agglutinationstiter genau bestimmen.

Bei der Untersuchung von Wasser auf Choleravibrionen geht man folgendermaßen vor:

1 Liter H_2O + 100 ccm Peptonwasser-Stammlösung; (Pepton 10,0; NaCl 5,0, Traubenzucker 10,0, Aqu. 100,0); verteilt die Masse zu je 100 ccm in Kölbchen. Nach 8—24 stündiger Bebrütung bei 37° Präparate von der Oberfläche anlegen, und von dem Kölbchen, in dem sich die meisten Vibrionen finden, Anlegen von Dieudonné- und Agarplatten in der gleichen Weise, wie oben angegeben.

Wie stellt man abgelaufene Cholerafälle fest?

Patientenserum wird mit physiol. NaCl-Lösung in Abstufungen verdünnt und gegen einen bekannten Cholerastamm agglutiniert. Wenn das Ergebnis nicht eindeutig erscheint, wird der Pfeiffersche Versuch ausgeführt (siehe unten).

Sind Choleravibrionen sehr widerstandsfähig gegen äußere Einflüsse, Chemikalien usw.?

Nein. Hitze von 60° tötet sie in 10 Minuten, Sublimat 1 : 2000 in wenigen Minuten ab. Austrocknung in 2—24 Stunden. Auf feucht aufbewahrten Nahrungsmitteln halten sie sich 8 Tage, in feuchter Wäsche dagegen über 14 Tage lebend.

Bei welchen Tieren gelingt es, durch Verfütterung eine der menschlichen Cholera ähnliche Erkrankung hervorzurufen?

Bei ganz jungen Kaninchen, Katzen und Hunden. Bei Meerschweinchen konnte R. Koch eine Cholerainfektion erzielen, wenn er den Tieren zuerst Opiumtinktur in die Bauchhöhle, dann Sodalösung (zur Neutralisierung des Magensaftes) und endlich Cholerakultur in den Magen injizierte.

Wodurch wird der Tod von Meerschweinchen bedingt, die Choleravibrionen intraabdominal erhielten?

Durch die Wirkung der Endotoxine. Die Vergiftung kann aufgehalten werden, d. h. das Tier bleibt am Leben, wenn man ihm gleichzeitig mit der tödlichen Dosis Kultur eine entsprechende Dosis Immunserum (von mit Choleravibrionen vorbehandelten Kaninchen) injiziert. Die Choleravibrionen werden aufgelöst. Dieser Versuch gelingt nur, wenn ein sicheres Choleraserum mit sicheren Choleravibrionen zusammentrifft (Pfeifferscher Versuch). Diagnostisch wichtig!

Der Pfeiffersche Versuch wird bei nicht eindeutigem Agglutinationsergebnis noch mit herangezogen, um festzustellen, ob es sich bei dem aus choleraverdächtigem Stuhl isolierten Vibrionen um Choleravibrionen handelt.

Wie wird der Pfeiffersche Versuch ausgeführt?

Herstellung der Serumverdünnungen (Kaninchen vorbehandelt mit abgetöteten und dann mit lebenden Choleravibrionen, Mindesttiter des Serums 1 : 5000) 1 : 100, 1 : 500 bzw. 1 : 1000.

Zu je 1 ccm dieser Verdünnungen fügt man 1 Öse 16—20stündiger Cholera-Agarkultur. Gut verreiben. Injektion von je einem ccm dieser Verdünnungen je einem Meerschweinchen von rund 200 g Gewicht intraperitoneal.

Das Kontrolltier erhält 1 Öse Kultur in 1 ccm Bouillon ohne Serum intraperitoneal injiziert. Nach 20 und 60 Minuten entnimmt man mit der Glaskapillare ein Tröpfchen Peritonealexsudat und untersucht es im hängenden Tropfen bei starker Vergrößerung auf Körnchenbildung und Auflösung der Vibrionen.

Tritt bei den Serumtieren Auflösung der Vibrionen ein, während beim Kontrolltier reichlich bewegliche Formen erhalten sind, so ist Cholera zu diagnostizieren.

Welche Infektionsquellen kommen für die Verbreitung der Cholera in Frage?

1. Die Dejekte des Cholerakranken.
2. Die beschmutzte Wäsche.
3. Oberflächliche Rinnsale, Bäche und Flüsse, die mit Abwasser und Exkrementen Cholerakranker verunreinigt sind.

Welche Übertragungswege sind möglich?

Die Übertragung auf den Gesunden:

1. Von Kranken, Leichtkranken, Rekonvaleszenten (Bazillenträger).
2. Durch Fliegen.
3. Durch Nahrungsmittel (feuchte Aufbewahrung).
4. Durch Wasser.
   a) Oberflächlich stagnierende Ansammlungen,
   b) Bäche und Flüsse, die Abwässer aufnehmen, oder in denen gewaschen wird, oder auf denen Schiffer und Flößer leben.

Welche verschiedenen Verbreitungsweisen der Cholera kommen vor?

Die Kontaktepidemie und die explosive Epidemie.

Beispiel für explosionsartig ausbrechende Massenepidemie ist Hamburg 1892.

Wie bekämpft man zweckmäßig die Cholera prophylaktisch?	Durch Einrichtung von Flußüberwachungsstellen, Isolierspitälern, Desinfektionskolonnen, Kanalisation, Wasserversorgung, Schutzimpfung.
Wie verhindert man die Einschleppung der Cholera?	An den Landesgrenzen müssen die die Grenze passierenden Händler, Arbeiter usw. revidiert, ebenso Kranke isoliert werden. Eisenbahnreisende sind zu kontrollieren. Auf schiffbaren Flößen sind die Personen streng zu überwachen. Schiffe sind durch besondere Kontrollstationen anzuhalten, das Personal ärztlich zu untersuchen. Bei Choleraverdacht Isolierung sämtlicher Schiffsinsassen in einer Isolierbaracke, Desinfektion des Schiffes und 6tägige Quarantäne. Im eigenen Lande: Bei Fällen von Choleraverdacht Sicherung der Diagnose durch bakteriologische Untersuchung, Isolierung des Kranken. Beschaffung von unverdächtigem Wasser bei Flußwasserversorgungen (evtl. Filterbetrieb). Verdächtige Nahrungsmittel sind zu kochen oder trockener Hitze auszusetzen.
Die aktive Immunisierung (Pfeiffer u. Kolle) hat Erfolge aufzuweisen. Wie wird dieselbe ausgeführt?	Die Impfung erfolgt mit 2 mg frischer bei 58° abgetöteter Kulturmasse (virulente Choleravibrionen) in 1 ccm Aufschwemmung (physiologische Kochsalzlösung) subkutan. Nach 5 Tagen Injektion der doppelten Dosis. Vom 5. Tage ab beginnt die eintretende Immunität (bakteriolytische Kraft des Serums).
Hat die passive Immunisierung Erfolge aufzuweisen?	Nein.

B. Pathogene Streptotricheen.

Aktinomyzeten.

Zu welcher Art rechnet man den Strahlenpilz, Aktinomyzes (ἀκτίς = Strahl)?	Zu den Aktinomyzeten.

Was bewirkt er beim Menschen und Tier?

Abszesse, Eiterungen beim Rindvieh, Abszesse in Zunge und Kiefer.

Was findet man mikroskopisch im Eiter derartiger Abszesse?

Körnchen, die aus hyphenähnlichen, gablig verzweigten Fäden bestehen, die vom Zentrum aus nach allen Richtungen ausstrahlen und gegen den Rand zu kolben- oder birnförmig anschwellen (Druse).

Wo findet sich der Pilz in der Natur?

Auf Gräsern, Getreide.

Wie wird er in den Körper eingeführt?

Durch Verletzungen der Mundschleimhaut, kariöse Zähne, Lunge, durch Aspiration von Keimen aus der Mundhöhle.

Wie züchtet man ihn?

Auf Agar, Blutserum, Kartoffeln und in Bouillon. Daneben auch anaërobe Nährböden, da man einen gut anaërob wachsenden Aktinomyzes beobachtet hat (Aktinomyces Israeli).

C. Pathogene Schimmel- und Sproßpilze.

Sproßpilze.

Charakteristika der Sproßpilze?

Sie sind kugel- oder eiförmige Gebilde, die weder Fruchtträger besitzen, noch Sporen bilden. Vermehrung durch Knospung. Sie sind die Erreger der Gärung.

Welche pathogenen Arten gehören hierher?

1. Soor, Schwämmchen.
2. Sporotrichon Schenkii, Erreger der Sporotrichosis.
3. Erreger von Granulomen.

Die Schimmelpilze.

Wodurch sind die Schimmelpilze charakterisiert?

Sie bilden ein Netzwerk von Fäden, das als Mycelium bezeichnet wird. Jedes Mycel besteht aus kürzeren oder längeren Hyphen. Die Schimmelpilze bilden Sporen, die sich zuweilen weiter als Sporen vermehren (Konidien) oder zu einem neuen Mycel auswachsen. Die Art der Sporenbildung wird systematisch verwertet.

Welche Arten von Schimmelpilzen sind fakultative Parasiten und finden ihre Lebensbedingungen im Warmblüter?	1. Penicillium, 2. Oidium, 3. Mucor, 4. Aspergillus.
Nennen Sie mir die charakteristischen Unterschiede zwischen Mucorineen, Penicilliaceen, Aspergillineen?	Bei den Mucorineen entstehen die Sporen so, daß das Ende der Hyphen kolbenförmig anschwillt und um dasselbe herum eine Fruchtblase (Sporangium) entsteht, in der sich die Sporen bilden. Bei den Aspergillineen entwickeln sich auf dem kolbig angeschwollenen Hyphenende kurze Stiele (Sterigmen), und darauf erst die Ketten von runden Sporen. Bei den Penicilliaceen tritt an der Spitze der Fruchthyphen ein Quirl von Ästen pinselförmig hervor, und diese tragen Ketten von kugeligen Sporen.
Kennen Sie einige Schimmelpilze, die zu den eben besprochenen Arten gehören?	Penic. glaucum, der gemeinste Schimmelpilz, kommt in ranziger Butter, im Roquefortkäse vor. Penic. brevicaule, zum Arsennachweis benutzt; knoblauchartiger Geruch der Kulturen. Penic. minimum, gelegentlich im äußeren Gehörgang des Menschen: Mucor corymbifer . . ,, rhizopodiformis ,, racemosus . . } tierpathogen, ,, stolonifer . . . ,, mucedo . . . . } nicht pathogen. Aspergillus glaucus, in Kellern, an feuchten Wänden, auf eingemachten Früchten. Aspergillus fumigatus ,, flavescens ,, niger . . } beim Warmblüter vorkommend.
Wie werden die Schimmelpilze mikroskopisch untersucht?	a) Ungefärbt; indem man Teile des Pilzes mit dem ihn tragenden Substrat ohne Deckglas mikroskopisch bei schwacher Vergrößerung oder Teile desselben zwischen Deckglas und Objektträger untersucht, und zwar nicht in Wasser, sondern in folgender Lösung:

Alcohol. + Liqu. ammon. caust. āā 25,0,
Glycerin 15,0,
Aqu. dest. 35,0.
Deckglas wird mit Lack umzogen.

b) Gefärbt (Färbung mit basischen Anilinfarben).

Sind beim Menschen Erkrankungen durch Schimmelpilze bekannt?

Ja, sog. Bronchomykosen, Otomykosen (Ohr), Keratomykosen (Hornhaut).

Welche Dermatomykosen werden beim Menschen und bei Tieren durch Pilze bedingt?

Favus,
Mikrosporie,
Trichophytie,
Pityriasis,
Erythrasma.

D. Spirochäten.

1. Spirochäten des Rückfallfiebers.

Ist der Erreger der Rekurrens bekannt?

Ja. Im Jahre 1868 wurden von Obermeier im Blute von Rückfallfieberkranken sehr feine korkzieherartig gewundene Fäden gefunden, die er im Jahre 1873 als Spirillum febris recurrentis näher beschrieb.

Wie verläuft das Rückfallfieber?

Nach einer Inkubationszeit von 5 bis 8 Tagen tritt Fieber bis 41° auf. Milzschwellung, Erbrechen, Temperaturabfall (kritisch) nach 6 Tagen. 5—10 Tage, dann fieberfrei. Neuer Anfall von Fieber, evtl. noch ein dritter Anfall. Im Blute während des Fieberanfalls zahlreiche Spirochäten. Nach dem Überstehen keine dauernde Immunität. Schon nach $1^1/_4$—6 Monaten Neuinfektion möglich. Therapie: Salvarsan 0,2—0,3 g.

Welche Laboratoriumstiere sind für Versuche mit Spiroch. recurr. geeignet?

Affen, Meerschweinchen, Mäuse, Ratten.

Wie kommt die Übertragung des Rückfallfiebers auf den Menschen zustande?

Durch Ungeziefer, und zwar bei dem europäischen Rückfallfieber durch Kleiderläuse, bei dem afrikanischen und amerikanischen Rückfallfieber durch

	Zecken. Besondere Brutstätten: Asyle für Obdachlose, Herbergen niederster Art.
Welche Abarten des europäischen Febris recurrens gibt es noch?	1. Die afrikanische Form (Tick-Fever), übertragen durch eine Zecke (Tick) Ornithodorus moubata, die nachts in die Hütten der Eingeborenen dringt, tagsüber in der Erde verborgen bleibt. Entwicklungsgang findet in den Ovarien der Zecken statt. Zur Infektion benutzt man die aus infizierten Eiern hervorgegangenen jungen Zecken. 2. Die amerikanische Form (selten). 3. Die nordafrikanische und asiatische Form.
Welche Spirochätenkrankheiten kommen bei Haustieren vor?	Die durch Spiroch. anserina (Rußland und Nordafrika usw.) hervorgerufene Gänseerkrankung, die durch Spiroch. gallinarum (Brasilien) erzeugte Hühnerspirillose.

2. Spirochaeta pallida (Syphilisspirochäte). [Schaudinn.]

Bestimmen Sie die morphologischen Eigenschaften der Spirochaeta pallida.	Sie ist eine zarte, schwer färbbare Spirochäte mit zahlreichen, steilen, tiefen und regelmäßigen Windungen und lebhaften Bewegungen. An beiden Enden trägt sie einen Geißelfaden. Untersuchung mit Dunkelfeldbeleuchtung (Gewebssaft) oder mit dem Tuscheverfahren nach Burri. Auch Färbung nach Giemsa, am besten 24 Stunden. Für Schnitte empfiehlt sich die Levaditische Methode (Silberfärbung).
Läßt sich die Syphilis auf Versuchstiere übertragen?	Ja, auf Affen und Kaninchen. Durch Einführung des Materials in die Hornhaut oder in die vordere Augenkammer entsteht Keratitis syphilitica; Impfung der Skrotumhaut gibt Skrotumsyphilis, Einführung von Material in den Hoden Orchitis syphilitica.
Ist die Züchtung der Spirochaeta pallida gelungen?	Ja, in halb erstarrtem Serum unter strenger Anaërobiose (18 Generationen ließen sich fortzüchten).
Welche neueren Mittel kommen therapeutisch bei Syphilis zur Anwendung?	Atoxyl und Salvarsan (Dioxydiamidoarsenobenzol).

Welche Reaktion wird diagnostisch bei Syphilis verwendet?

Die Wassermannsche Reaktion, d. h. die Komplementbindung bei Syphilis.

Welche 5 Substanzen werden bei der Anstellung der Reaktion benutzt?

1. Das Antigen, Auszug aus fötaler syphilitischer Leber, normalen Meerschweinchenherzen oder normaler Menschenleber.

2. Die Patientensera, die $^1/_2$ Stunde bei 56° C inaktiviert werden (d. h. das Komplement wird zerstört).

3. Komplement. Meerschweinchenserum, gewöhnlich in der Verdünnung 1 : 20.

4. Der hämolytische Ambozeptor (Serum von Kaninchen, die mit Schafblut immunisiert sind), der $^1/_2$ Stunde bei 56° inaktiviert wird.

5. Schafblutkörperchen, aus denen das Serum durch Zentrifugieren und Auswaschen mit NaCl-Lösung (0,85%) entfernt ist. Man verwendet eine 5%ige Emulsion.

Was versteht man unter dem hämolytischen System?

Ein System, das sich aus Komplement, hämolytischem Ambozeptor und Schafblutkörperchen in $5^0/_0$iger Aufschwemmung zusammensetzt und das nach 30 Minuten langem Verweilen im Brutschrank (37°) Lösung der Blutkörperchen zeigt. (Indikator für die Wassermannsche Reaktion).

Dem Hauptversuch nach v. Wassermann müssen Vorversuche vorangehen. Worauf erstrecken sie sich?

1. Auf die Einstellung des Ambozeptors.

Ambozeptor in Abstufungen in 1 ccm + 1 ccm Komplement ($^1/_{20}$) + 1 ccm einer 5%igen Schafblutkörperchenaufschwemmung.

45 Minuten Brutschrank bei 37°.

Für den Hauptversuch nimmt man das 3—4fache der kleinsten noch lösenden Dosis.

2. Auf die Komplementeinstellung.

Abgestufte Mengen von Komplement in 1 ccm phys. NaCl-Lösung + 1 ccm der Ambozeptorverdünnung, die man gefunden + 1 ccm einer 5%igen Schafblutkörperchenaufschwemmung.

45 Minuten Brutschrank bei 37°.

Zum Hauptversuch wird das Komplement in der 2—3fachen Grenzdosis genommen.

3. Auf die Antigeneinstellung:

a) auf hemmende Wirkung (hämolytisches System + abgestufte Mengen von Antigen),

b) auf lösende Wirkung (abgestufte Mengen von Antigen + 1 ccm einer 5%igen Schafblutkörperchenaufschwemmung).

Vom Antigen wird die größte, nicht hemmende und nicht lösende Dosis im Hauptversuch verwendet.

Wie wird die Wassermannsche Reaktion im Hauptversuch ausgeführt?

Zum Antigen in fallenden Dosen wird das inaktivierte Krankenserum, das auf das Vorhandensein syphilitischer Antikörper untersucht werden soll, und das Komplement hinzugefügt.

Brutschrank 37° 45 Minuten.

Dann wird die Ambozeptorlösung zugleich mit den gewaschenen Schafblutkörperchen (5%ige Lösung) eingefüllt. Das Ganze wiederum 45 Minuten in den Brutschrank gestellt.

Kontrollen.

1. Antigenkontrolle auf eigenhemmende Wirkung des Antigens.

2. Serumkontrollen; auf eigenhemmende (doppelte Dosis) und auf eigenlösende Wirkung im Verein mit Antigen, Ambozeptor und Erythrozyten (aber ohne Komplement).

3. Das hämolytische System.

4. Kontrolle mit einem sicher positiven und einem bestimmt negativen Patientenserum.

Welchen Ausfall der Wassermannschen Reaktion bezeichnet man

a) als positiv?

Wenn die Lösung der roten Blutkörperchen ausbleibt, dadurch, daß sich das Komplement fest an das syphilitische System (Antigen + syphilitischer Ambozeptor) verankert und mithin für die Lösung des hämolytischen Systems nicht mehr verfügbar ist.

b) als negativ?

Wenn die Lösung der roten Blutkörperchen eintritt. Es verankert sich das Komplement am hämolytischen System, wenn der syphilitische Ambozeptor im Patientenserum fehlt.

Neben der Wassermannschen Reaktion werden neuerdings die sog. Ausflockungsreaktionen (Meinicke, Sachs und Georgi) verwendet. Wie wird z. B. die Reaktion von Sachs und Georgi ausgeführt?

Cholesterinierter Rinderherzextrakt wird zunächst mit gleichen Teilen, dann noch mit weiteren 4 Teilen 0,85%iger Kochsalzlösung verdünnt. Zu 0,5 ccm dieser Mischung gibt man 1 ccm 10mal mit physiol. Kochsalzlösung verdünntes inaktiviertes Patientenserum. Zwei Std. bei 37° C oder über Nacht bei 20° stehen lassen. Bei positivem Ausfall der Reaktion feinkörnige Ausflockung sichtbar.

3. Spirochaeta icterogenes, der Erreger der Weilschen Krankheit (Icterus infectiosus).

Wann wurde der Erreger dieser Krankheit entdeckt?

Im Jahre 1915.

Ist die Übertragung der Krankheit auf Meerschweinchen gelungen?

Ja (Huebner und Reiter).

Wer hat die Erreger zuerst als Spirochäten erkannt?

Uhlenhuth und Fromme und unabhängig von ihnen Inado und seine Mitarbeiter.

Wieviel Kubikzentimeter Blut vom Kranken muß man einem Meerschweinchen injizieren?

0,5—2,0 ccm defibrin. Blut intraperitoneal.

Wie äußert sich die Krankheit beim Meerschweinchen?

Am 4. oder 5. Tage erkrankt es mit Fieber, Abmagerung, Hautblutungen, Blutungen an den Konjunktiven und ausgesprochenem Ikterus. Exitus.

Welches Bild bietet die Sektion?

Schwellung, Rötung der Nebennieren, Blutungen, Entartungen, Zellinfiltrate und Ödeme in Leber, Nieren und Muskeln.

In welchen Organen findet man beim verendeten Meerschweinchen die Spirochäten?

Im Blut, Pankreas, Hoden, Gehirn, Knochenmark, Kammerwasser, Glaskörper, in der Milz, Galle, Leber.

Wie sehen die Spirochäten aus?

Es sind zarte, schlanke Gebilde (4—20 μ). Sie weisen bald 2—3 oder 4—5 große, unregelmäßige Windungen auf. An den Enden, zuweilen auch in der Mitte knopfartige Verdickungen. Färbung nach Giemsa.

Wo finden sich die Spirochäten im kranken Menschen?

Im Blute (nur von japanischen Forschern bisher gefunden), in der Leber, im Harn, in den Nieren.

Sind die Spiroch. icterogenes gegen äußere Einflüsse resistent?

Erhitzung auf 50° vernichtet sie in 15 Minuten; durch Eintrocknen gehen sie bald zugrunde.

1%ige Karbolsäure tötet sie in zwei Stunden ab.

1 pro mille Sublimat erweist sich nach 2stündiger Einwirkung noch als unwirksam.

Ist eine Züchtung der Spirochaeta icterogenes geglückt?

Ja; in flüssigem Meerschweinchen- oder Kaninchenserum, das mit Paraffin überschichtet war (Ungermann), oder nach der Methode von Noguchi in erstarrtem Serum.

Wird durch Überstehen der Krankheit eine Immunität bedingt?

Eine sichere Immunität wird erzielt, die 5 Jahre und noch länger anhält.

Wie sichert man eine rasche Diagnose?

Durch den Tierversuch, indem man je 2—3 ccm Patientenblut mehreren Meerschweinchen intraperitoneal oder intrakardial verimpft. Erkrankung der Tiere nach 5—6 Tagen in typischer Weise.

4. Spirochaeten bei Plaut-Vincentscher Angina.

Welche Erreger findet man bei der Plaut-Vincentschen Angina?

Feine flachgewundene Spirochäten regelmäßig gemeinsam mit spindelförmigen Bazillen (Bac. fusiformis).

Wie erscheint der Bacillus fusiformis bei der Färbung sowohl mit Methylenblau als auch nach Giemsa?

Er zeigt bei der Färbung mit Methylenblau streifiges gebändertes Aussehen, indem intensiv gefärbte mit farblosen Abschnitten abwechseln und bei der Färbung nach Giemsa scharf differenzierte rote Chromatinkörper im blauen Plasma.

Wie untersucht man verdächtiges Material auf Plaut-Vincentsche Angina?

Im gewöhnlichen Karbolfuchsinpräparat oder im Tuscheverfahren. Zur Vermeidung von Fehldiagnosen ist das Material unbedingt stets auf Diphtheriebazillen zu untersuchen, da auch auf diphtherischen Membranen fusiforme Bazillen und Spirillen sich ansiedeln können.

Ist die Züchtung dieser Spirochäten gelungen?

Ja, in serumhaltigen Nährböden unter Luftabschluß (Mühlens). Widerlicher, fäulnisartiger Geruch der Kulturen. Kolonien wolkig mit gelblichem Zentrum und feinen Ausläufern.

E. Krankheitserregende Protozoen.

Einteilung nach Doflein:

I. Plasmodroma. Sie besitzen Pseudopodien oder Geißeln, einen oder mehrere bläschenförmige Kerne. Entwicklungskreislauf abwechselnd geschlechtliche und ungeschlechtliche Generationen.
1. Klasse: Rhizopoden, mit Pseudopodienbewegung.
2. „ Mastigophora, mit Geißelbewegung.
3. „ Sporozoa: Vermehrung durch Sporen.

II. Ciliophora. Fortbewegungsorgane: Zilien, Haupt- und Nebenkern. Befruchtung durch anisogame Kopulation oder Konjugation ohne besondere Fortpflanzungsform. Vermehrung durch Teilung oder Knospung.
1. Klasse: Ciliaten, Zilien, Nahrungsaufnahme durch Osmose.
2. „ Suctoria, nur im Jugendzustand Zilien. Nahrungsaufnahme durch röhrenartige Organellen.

Welche infektiösen Protozoen aus den eben besprochenen Klassen kommen für uns in Betracht?

Von den Rhizopoden die Dysenterieamöben; von den Mastigophoren die Trypanosomen, von den Sporozoen die Hämosporidien.

1. Dysenterieamöben.

Welche Amöbe kommt bei der tropischen und subtropischen Ruhr vor?

Die Entamoeba histolytica (Schaudinn), auch Entam. dysenteriae genannt (Syn. Entam. tetragena Viereck).

Kennen Sie noch eine andere nicht pathogene Amöbe, die auch im Darm vorkommt?

Die Entamoeba coli Loesch.

Nennen Sie mir die gleichen Arteigenheiten, die beiden Arten (Entamoeba coli und Entamoeba histolytica) zukommen.

a) vegetative Formen, einkernig; mit Ekto- und Entoplasma; Bewegung durch Pseudopodien; Phagocytose; veränderliche Gestalt („Amoebe" von ἀμείβομαι, sich verändern).

b) Cysten, kuglig, unbeweglich ohne Ekto- und Entoplasmadifferenzierung, mehrkernig mit Membran.

Welches sind die Artunterschiede der beiden erwähnten Amöben?

Ruhramöbe:

Vegetative Form: enthält oft gefressene Erythrocyten, selten Bakterien.

Ektoplasma stets auch in der Ruhe deutlich vom Entoplasma abgegrenzt, stark lichtbrechend. Cysten: sehr klein, mit einfacher Membran, höchstens 4-kernig. Tierversuch: Junge Katzen können mit Ruhrstühlen rektal infiziert werden.

Entamoeba coli:

Vegetative Form: enthält niemals Erythrocyten, oft reichlich Bakterien, Ektoplasma nicht immer deutlich abgegrenzt, schwächer lichtbrechend. Cysten: sind größer als bei der Ruhramöbe, mit doppelt konturierter Membran; in reifem Zustande 8-kernig,

Vermehrung außer durch Cysten durch Zweiteilung; bei Entamoeba coli auch durch Schizogonie (8 Schizonten).

Infektion per os: Wasser, Nahrungsmittel, Fliegen.

Es gibt auch klinisch gesunde Cystenträger, die in Europa Infektionen vermittelt haben.

Wie untersucht man am besten Stuhl auf Amöben?

Ungefärbt zwischen Deckglas und Objektträger oder im hängenden Tropfen mit leicht angewärmter 0.85 %iger NaCl-Lösung.

2. Trypanosomen.

Welche allgemeinen Merkmale gelten für die Trypanosomen?

Sie sind von länglicher Gestalt, bewegen sich mittels 1 oder 2 Geißeln, deren eine den Randfaden einer undulierenden Membran bildet. Die Geißel entspringt am Blepharoplast, dessen Lage in bezug auf den Kern bei den einzelnen Arten variiert. Fortpflanzung durch Längsteilung, seltener durch Rosettenstadium. Im Zwischenwirt vielleicht Gametenbildung, Befruchtung und Ookinetenbildung.

Durch welche Insekten werden die Trypanosomen übertragen?

Durch Glossina-, Stomomyx-, Tabanusarten.

Welche wichtigen Arten von Trypanosomen unterscheidet man?

1. Trypanosoma Lewisi, Rattentrypanose. Durch Rattenlaus (Hämatopinus spinulosus) und Rattenfloh (Ceratophyllus) übertragen. Multiple Teilung unter Rosettenformbildung; Züchtung im Kondenswasser von Blutagar (Novy).

2. Trypanosoma Theileri bei Rindern; sehr groß. 30—70 μ.

3. Trypanosoma Brucei (Nagana Tsetsekrankheit) bei Huftieren, Rindern, Pferden, Eseln, Schweinen usw., auch Hunden (Afrika). Wirt und Überträger Glossina morsitans.

4. Trypanosoma Evansi, Surrakrankheit der Pferde, Esel, Kamele (Indien).

5. Trypanosoma equinum (Mal de Caderas), Kruppenkrankheit der Pferde in Südamerika.

6. Trypanosoma equiperdum, Dourine = Beschälkrankheit der Pferde. Übertragung durch Koitus. Auftreten in den Ländern um das Mittelmeer.

7. Trypanosoma Gambiense; erzeugt „Schlafkrankheit"; in Afrika vorkommend.

Übertragung durch Glossina palpalis und morsitans. Bekämpfung therapeutisch durch Atoxyl, prophylaktisch durch Ausrottung der Glossinen durch Abholzen der See- und Flußufer, Verfolgung der Krokodile, Einführung von Grenzsperren; Konzentrationslager in glossinenfreier Gegend für Kranke bis zum Ablauf der Krankheit. Die Krankheit beginnt mit Kopfschmerz, Fieber, Lymphdrüsenschwellung, besonders im Nacken, später Milzschwellung, Abnahme der roten Blutkörperchen, Ödeme, Exantheme, Abmagerung, oft Hirnsymptome, Tobsucht, Verrücktheit,

Somnolenz, Koma. Übertragung gelingt auf Affen, Meerschweinchen, Hunde.

8. Trypanosoma rhodesiense Überträger Glossina morsitans.

9. Trypanosoma (Schizotrypanum) Cruzi. Übertragen durch eine Wanzenart Conorrhinus megistus, Erreger der „infektiösen Thyreoiditis". Erzeugt Kropf, Anämie, Ödeme, Lymphdrüsenschwellung, Milztumor und nervöse Störungen. Im Blutplasma, seltener in roten Blutkörperchen kommen die Parasiten vor. Vermehrung entweder Längsteilung (nicht bei Warmblütern) oder Schizogonie im Lungenendothel, in Herzmuskel-, Neuroglia- und anderen Organzellen. Verbreitete Krankheit in Brasilien.

Wie untersucht man Blut und Gewebssaft auf Trypanosomen?

Im Ausstrichpräparat nach Giemsa oder im Tuschepräparat nach Burri und im hängenden Tropfen.

Ist die Züchtung der Trypanosomen gelungen?

Im Kondenswasser einer Mischung von Nähragar + defibrin. Kaninchenblut aa bei 37°.

Anhang: Zu den durch Trypanosomen hervorgerufenen Krankheiten wird auch das Kala-Azar gerechnet. Der Erreger „Leishmania Donovani" wurde im Blut, im Endothel der Blut- und Lebergefäße sowie in Milz und Leber von Kala-Azar-Kranken entdeckt. In Kulturen entwickeln sich aus den geißellosen kleinen Formen längliche geißeltragende Formen (Flagellaten). Rogers Übertragung durch Hundeflöhe.

Hämosporidien: Plasmodidae.

3. Die Erreger der Malaria.

Zu welcher Klasse gehören die Malariaplasmodien?

Zu den Hämosporidien.

Wie teilt man die Hämosporidien ein?

In die

1. Haemogregarinidae. Wurmähnliche längliche Parasiten (Kaltblüter und Vögel).

Gattung: Drepanidium, Haemoproteus (Halteridium).

2. Plasmodidae. Runde Parasiten (Vögel, Säugetier).

Gattung: Proteosoma (praecox bei Vögeln).

Gattung Plasmodium:

a) Plasmodium vivax; Parasit der menschlichen Tertiana;

b) Plasmodium malariae quartanae;

c) Plasmodium Laverania; Parasit der Malaria tropica.

Wie geht die Entwicklung des Plasmod. malariae hominis im allgemeinen im Blute vor sich?

Aus den Napf- oder Ringformen, die $^1/_{10}$ des roten Blutkörperchens ausfüllen. bildet sich beim Wachsen derselben Melanin, das sich zerstreut im Körper des Parasiten einlagert. Schließlich Schizogonie. Das Pigment wird auf ein oder einige Zentren zusammengezogen, der Körper des Parasiten teilt sich in 8—20 kleine Elemente (Rosettenform, Gänseblümchenstadium), die sich durch Platzen der roten Blutkörperchen loslösen, frei im Blute umherschwimmen und neue rote Blutkörperchen befallen. Bei Auflösung des Schizonten Fieberanfall. Auch treten männliche und weibliche Gameten auf (Mikrogameten und Makrogameten). Befruchtung und Würmchenbildung im Intestinaltraktus von Anophelesmücken (nicht Culex).

Wodurch unterscheiden sich Anopheles und Culex?

Bei Culex:	Bei Anopheles:
Kurze Fühlhörner, wenig gefiederte Antennen (beim Männchen Fühlhörner länger als der Rüssel).	Fühlhörner und Stechapparat ungefähr gleich lang; Antennen stark gefiedert.
Körper der sitzenden Culex parallel der Wandfläche.	Körper der sitzenden Anopheles zur Wandfläche in einem Winkel von 45° geneigt.
Die Culexlarve hängt fast senk-	Die Anopheleslarve liegt dicht

recht von der Wasseroberfläche abwärts.	unter der Wasseroberfläche parallel zu dieser. Bei Anopheles auf den Flügeln je 4 in T-Form gestellte dunkle Flecke.

Welches sind die Hauptmerkmale
a) des Quartanaparasiten?

Grobes Pigment, 8—12 Schizonten, zuweilen deutliche Bandbildung quer über das rote Blutkörperchen. Gameten spärlich, nicht größer als ein rotes Blutkörperchen mit grobem Pigment. Wiederholung des Fieberanfalls nach je 72 Stunden.

b) des Tertianaparasiten (Plasm. vivax)?

Parasit zart, Pigment fein. Die befallenen roten Blutkörperchen nehmen an Größe zu und sind rot getüpfelt. (Romanowsky-Giemsa).

Schizonten 16—20 unregelmäßig verteilt. Zahlreiche Gameten, die oft bis zur doppelten Größe eines roten Blutkörperchens auswachsen, mit fein verteiltem Pigment. Fieberanfall alle 48 Stunden.

c) der Malaria tropica?

Sehr kleine Ringformen mit deutlichem Chromatinkorn im Beginn des Fiebers, später größere Ringe. Schizontenbildung nur in den inneren Organen (Milz). Gameten haben Halbmond- oder Eiform, die sich anfangs oft an den Erythrozyten anschmiegen, später sich frei vorfinden (oft doppelt so groß in der Länge wie ein rotes Blutkörperchen). Männliche Gameten mit blaßgefärbtem Plasma und reichlichem kompakten Chromatin, weibliche Gameten dunkel gefärbt mit weniger Chromatin.

Fieberanfall alle 48 Stunden, Fieberdauer 40 Stunden, Remission nur 6—8 Stunden.

Wie untersucht man das Blut auf Malariaplasmodien?

Das am besten kurz vor dem Fieberanfall entnommene Blut (Ohrläppchen, Fingerkuppe) untersucht man

1. im Blutausstrich auf Objektträger. Färbung nach Giemsa; s. Seite 137.

2. ebenso; Färbung nach Manson (Borax-Methylenblau); s. Seite 137.

3. im dicken Tropfen; er ermöglicht noch die Auffindung vereinzelter Parasiten in Fällen, in denen das Ausstrichpräparat im Stich läßt.

Wie behandelt man den auf dem Objektträger völlig lufttrocken gewordenen dicken Tropfen?

Entweder legt man das Präparat einige Minuten in 2proz. Formalin + $^1/_2$—1% Essigsäure. Das Hämoglobin wird dadurch ausgezogen. Fixieren in Alkohol 2—5 Minuten. Färbung nach Giemsa. Vorsichtiges Abspülen mit Wasser. Oder es erfolgt sofortige Färbung mit Giemsalösung, wobei das Hämoglobin auch ausgelaugt wird. Bei sehr dicken Tropfen ist es angezeigt, nach einigen Minuten die Farblösung zu erneuern. Das „dicke Tropfen-Präparat" muß man nach der Färbung mit aqua dest. abspülen und dann lufttrocknen lassen; nicht mit Fließpapier abtrocknen!

Welche Gegenden sind besonders von der Malaria heimgesucht?

Die tropische und subtropische Zone; in der kalten Zone fehlt sie gänzlich, in der gemäßigten zeigt sie noch starke Verbreitung.

Welche vier Bedingungen müssen bei einer endemischen Ausbreitung von Malaria zusammentreffen?

1. Als Ansteckungsquelle müssen Malariakranke mit Parasiten (Gameten) im Blute vorhanden sein.

2. Es müssen Anophelesmücken in der Gegend sein.

3. Empfängliche Menschen müssen von infizierten Anophelesmücken gestochen werden.

4. Temperatur muß dauernd so hoch sein, daß die Parasiten in der Mücke nicht zugrunde gehen.

Wogegen hat sich demnach die Prophylaxe zu richten?

1. Gegen die Malariakranken. Blutuntersuchungen bei Kindern und neu zugereisten Erwachsenen; Chininbehandlung bis zur Tilgung der Parasiten. In der fieberfreien Zeit täglich 1 g Chinin, bis keine Parasiten mehr gefunden werden, dann 7 Tage kein Chinin, darauf 2 Tage je 1 g Chinin usw. 2 Monate.

2. Fernhalten der Anophelesmücken vom Menschen, Mückenschutz für den bettlägerigen Kranken.

Vertilgung der Stechmücken (Saprol, Petroleum, Formalin, Ammoniak); auch durch Aussetzen natürlicher Larvenfeinde (Karpfen, Schwimmkäfer usw.). In Wohnungen Tötung der Mücken durch schweflige Säure, Formaldehyd, Terpentin usw.

Weiter durch Trockenlegung des Bodens (Drainage, Eukalyptuspflanzungen usw.).

3. Schutz der empfänglichen Gesunden gegen Mückenstiche durch Moskitonetze, Einreiben der Haut mit Nelkenöl, Terpentinöl, schließlich durch prophylaktische Chininbehandlung.

Was ist Schwarzwasserfieber?

Eine unter Schüttelfrost und Fieber akut einsetzende Hämoglobinurie, die mit der Malaria in engstem Zusammenhange steht. Sie wird bedingt durch einen plötzlich massenhaften Zerfall roter Blutkörperchen. Mortalität ca. 6—10%.

Was wissen Sie über die Ursache des Schwarzwasserfiebers?

Eine bestehende oder früher überstandene ungenügend behandelte Malaria schafft eine Intoleranz gegen Chinin, so daß schon geringe Gaben von Chinin zur Auslösung eines Schwarzwasserfieberanfalls genügen. Die Bedingungen für das Zustandekommen des Schwarzwasserfiebers sind aber noch keineswegs geklärt.

F. Krankheiten, die durch ultramikroskopische Erreger hervorgerufen werden.

Welche parasitären Krankheiten sind bekannt, deren Erreger zu den unsichtbaren, Bakterienfilter passierenden gehören?

Die Pocken (Variola), die Hundswut (Lyssa), die Kinderlähme (Heine-Medinsche Krankheit) (Poliomyelitis). Die Körnerkrankheit (Trachom), Scharlach, Masern, das Gelbfieber, das Denguefieber, das Pappatacifieber.

1. Pocken (Variola).

Ist der Pockenerreger bekannt?

Nein. Man findet die sog. „Vakzinekörperchen, Cytoryctes vaccinae et variolae" (Guarnieri) in Hornhautzellen von Kaninchen, die mit dem Inhalt von menschlichen Pockenpusteln oder von Kuhpocken in die oberen Hornhautschichten geimpft sind. Andere Forscher nehmen an, daß die kleinsten kokkenartigen Gebilde, die Parasiten (die Elementarkörper) zu den Initialkörpern intrazellulär heranwachsen und hierbei die Bildung der Guarnierischen Körperchen auslösen. Durch Teilung sollen sie wieder in die Elementarkörper zerfallen.

Wo findet sich das Pockenvirus?

Im Pustelinhalt, in den Hautschuppen, im Nasensekret und Sputum der Kranken.

Ist es im trockenen Zustande lange lebensfähig?

3 Jahre.

Wie kommt die Übertragung der Pocken zustande?

Durch Berührung des Kranken und der vom Kranken benutzten Gegenstände; durch Tröpfchen- und Stäubcheninfektion; gelegentlich auch durch Nahrungsmittel und Insekten.

Auf wie lange Zeit erstreckt sich nach Überstehen der Pocken die Immunität?

Gewöhnlich auf 10 Jahre.

Welche Schutzmaßregeln sind für die Umgebung zu ergreifen? (Siehe Reichs-Seuchengesetz vom 30. Juni 1900 und die vom Bundesrat am 28. Januar 1904 herausgegebene Anweisung zur Bekämpfung der Pocken).

1. Anzeigepflicht für alle Pockenerkrankungen und Verdachtsfälle.
2. Strenge Isolierung des Kranken und des Pockenverdächtigen.
3. Pflege durch geschultes, vorher gegen Pocken geimpftes Personal.
4. Desinfektion während und nach der Krankheit.
5. Schutzimpfung der Umgebung (Reichsseuchengesetz).
6. Verbot größerer Menschenansammlungen.
7. Meldepflicht für zureisende Personen, strenge Beaufsichtigung der Besucher der Herbergen, Obdachlosenasyle und der fremdländischen Arbeiter.

Welche Schutzimpfung kommt bei Pocken in Frage?

Die aktive Immunisierung, die einen hinreichenden Impfschutz gewährt.

Was versteht man unter der „Variolation"?

Eine um den Anfang des 18. Jahrhunderts geübte Schutzpockenimpfung, die mit unabgeschwächtem Pockenvirus vorgenommen wurde. Diese Art der Impfung wurde bald wieder verlassen, teils wegen der nach der Impfung auftretenden schweren Erkrankung (selbst Todesfälle wurden beobachtet), teils weil die Variolation sehr zur Verbreitung der Pocken beitrug.

Man verwendete später einen Impfstoff, den der englische Arzt Edward Jenner in der Lymphe der Kuhpocke entdeckte (Vakzine). Was ruft die Jennersche Vakzination beim geimpften Menschen hervor?

Eine pockenähnliche, lokale Pustelbildung mit gutartigem Verlauf, die einen sicheren Schutz gegen die Variolation erzeugt. Die Vakzine ist eine durch Tierpassage entstandene dauerhafte abgeschwächte Varietät des Variolavirus.

Was versteht man

a) unter animaler Lymphe?

b) unter humanisierter Lymphe?

a) Animaler Impfstoff ist die Kuhpockenlymphe, die direkt vom Tier auf den Menschen verimpft wird.

b) Humanisierter Impfstoff ist Lymphe aus menschlichen Vakzinepusteln.

Hat man im Blutserum von Pockenrekonvaleszenten und mit Erfolg Geimpften sowie von variolisierten und vakzinierten Versuchstieren Antikörper nachgewiesen?

Ja; vom 7. Tage an. Präzipitine sind nur in verschwindend kleiner Menge vorhanden. Komplementbindende Stoffe konnten bei Rekonvaleszenten ca. 3 Wochen lang, bei Revakzinierten vom 10. bis 16. Tage, bei lapinisierten Kaninchen, ebenso bei Rindern, nur selten gefunden werden.

In Deutschland besteht der allgemeine Impfzwang. Wann wurde für Deutschland ein neues Impfgesetz erlassen?

Am 8. April 1874. Nähere Bestimmungen über die Ausführung des Impfgesetzes sind durch Bundesratsverordnungen zuletzt am 22. März 1917 erlassen.

Was bestimmt dieses Gesetz?

Jedes Kind muß „vor Ablauf des Kalenderjahres, welches auf das Geburtsjahr folgt, zum ersten Male, und vor Ablauf des Jahres, in welchem das Kind sein 12. Lebensjahr vollendet, zum zweiten Male (Revakzination) geimpft" werden.

Kann ein Impfpflichtiger nicht nach ärztlichem Zeugnisse ohne Gefahr für sein Leben oder für seine Gesundheit geimpft werden, ist er binnen Jahresfrist nach Aufhören des diese Gefahr begründenden Zustandes der Impfung zu unterziehen. Der Impfarzt hat in zweifelhaften Fällen die endgültige Entscheidung darüber zu fällen, ob diese Gefahr noch fortbesteht.

Die früher mehrfach im Verlaufe der Schutzimpfung beobachteten Krankheiten (Syphilis, Tuberkulose, Erysipel, Ernährungsstörungen, Skrofulose) werden nach dem Reichsimpfgesetz dadurch eingeschränkt, daß die Impfung von Mensch zu Mensch verboten ist, daß bei Ekzemen nicht geimpft werden darf, daß schwächliche Kinder von der Impfung ausgeschlossen werden. Auch wird nur animale Lymphe verwendet, die unter staatlicher Kontrolle und unter bestimmten Vorsichtsmaßregeln gewonnen werden darf.

Was hat nach dem Impfgesetz zu geschehen, wenn eine Impfung nach dem Urteil des Arztes erfolglos geblieben ist?

Es muß dann die Impfung spätestens im nächsten Jahre, und falls sie auch dann erfolglos bleibt, im dritten Jahre wiederholt werden.

Einer etwaigen absichtlichen Übertretung der gesetzlichen Vorschrift tritt das Impfgesetz im § 4 mit Entschiedenheit entgegen, Was bestimmt dieser Paragraph?

Ist die Impfung bzw. Wiederimpfung ohne gesetzlichen Grund unterblieben, so ist sie binnen einer von der zuständigen Behörde zu setzenden Frist nachzuholen.

Wie Sie wissen, werden in jedem Bundesstaate Impfbezirke gebildet, deren jeder einem Impfarzte unterstellt ist.

Wann nimmt der Impfarzt die Impfungen vor?

In der Zeit von Anfang Mai bis Ende September jedes Jahres an den vorher bekannt zu machenden Orten und Tagen für die Bewohner des Impfbezirks unentgeltlich. Die Orte für die Vornahme der Impfungen sind so zu wählen, daß kein Ort des Bezirks von dem nächstgelegenen Impforte mehr als 5 Kilometer entfernt ist.

Für jeden Impfbezirk werden von der zuständigen Behörde, wie von den Vorstehern der betreffenden Lehranstalten vor Beginn der Impfzeit Listen über die zu impfenden Kinder aufgestellt. Was vermerken die Impfärzte darin?

Ob die Impfung mit oder ohne Erfolg vollzogen oder ob und weshalb sie ganz oder vorläufig unterblieben ist.

Dürfen nur die Impfärzte Impfungen vornehmen?

Nein, auch andere Ärzte. Sie müssen nach Schluß des Kalenderjahres die Listen der Behörde einreichen.

Eine Anzahl von Impfinstituten wurde von der Landesregierung zur Beschaffung und Erzeugung von Schutzpockenlymphe eingerichtet.

Beziehen die Impfärzte die Schutzpockenlymphe von den Impfinstituten unentgeltlich?

Ja.

Die öffentlichen Impfärzte sind wieder verpflichtet, auf Verlangen Schutzpockenlymphe soweit ihr entbehrlicher Vorrat reicht, an andere Ärzte unentgeltlich abzugeben.

Welche Angaben enthält der Impfschein, der über jede Impfung nach Feststellung ihrer Wirkung vom Arzte ausgestellt ist?

Vor- und Zuname des Impflings, Jahr und Tag seiner Geburt; weiter, „daß durch die Impfung der gesetzlichen Pflicht genügt ist, oder daß die Impfung im nächsten Jahre wiederholt werden muß."

In den ärztlichen Zeugnissen, durch welche die gänzliche oder vorläufige Befreiung von der Impfung nachgewiesen werden soll, wird unter der für den Impfschein vorgeschriebenen Bezeichnung der Person bescheinigt, aus welchen Gründen und auf wie lange die Impfung unterbleiben darf. Diese Scheine haben eine weiße Farbe.

Wie sehen die Impfscheine für Erstimpflinge aus?

Rosa.

Wie die für Wiederimpflinge?

Grün.

Kennen Sie einige Verhaltungsvorschriften für Impflinge?

Aus Häusern, in denen ansteckende Krankheiten herrschen, dürfen Erstimpflinge sowie Wiederimpflinge nicht zum allgemeinen Impftermin gebracht werden. Die zum Impftermin geladenen Kinder müssen mit reingewaschenem Körper in sauberen Kleidern erscheinen. Auch nach der Impfung ist große Reinhaltung des Impflings die wichtigste Pflicht. Tägliches Bad schadet nichts, auch soll der Geimpfte täglich bei günstigem Wetter ins Freie gebracht werden. Die Impfstellen sind vor dem Aufreiben, Zerkratzen und vor Beschmutzung zu bewahren. Auch ist der Impfling vor Personen zu schützen, die an eiternden Geschwüren oder Wundrose erkrankt sind.

Wann zeigen sich nach der erfolgreichen Impfung die Pockenpusteln und beschreiben Sie mir die normale Abheilung einer Impfpustel?

Bei Erstimpfungen zeigen sich vom 4. Tage ab kleine Bläschen, die sich in der Regel bis zum 9. Tage unter mäßigem Fieber vergrößern und zu erhabenen, von einem roten Entzündungshofe umgebenen Schutzpocken entwickeln. Dieselben enthalten eine klare Flüssigkeit, die sich am 8. Tage zu trüben beginnt. Am 10. bis 12 Tage beginnen die Pocken zu einem Schorfe einzutrocknen, der nach 3 bis 4 Wochen von selbst abfällt. Bei erfolgreicher Impfung bleiben Narben von der Größe der Pusteln zurück. — Bei Wiederimpflingen tritt die Entwicklung der Impfpusteln am 3. oder 4. Tage ein und ist nur mit ganz geringen Störungen im Allgemeinbefinden verbunden.

Welche Maßregeln ergeben sich für Wiederimpflinge bei stärkeren Begleiterscheinungen nach erfolgter Impfung?

Wenn ausnahmsweise nach der Impfung Fieber auftritt, soll das Kind zu Hause bleiben; bei stärkerer Röte und Anschwellungen der Impfstellen sind kalte häufig zu wechselnde Umschläge mit abgekochtem Wasser anzuwenden.

Das Turnen ist vom 3. bis 13. Tage von allen, bei denen sich Impfblattern bilden, auszusetzen.

Wie wird die Lymphe hergestellt?

Gesunde, junge Rinder oder Kälber werden nach Reinigung der Impffläche, (Unterbauch, innere Schenkelflächen) Rasieren derselben, Waschen mit Seife und warmem Wasser, Desinfektion mit 1 pro mille Sublimatlösung und Abwaschen mit sterilem Wasser mit humanisierter oder animaler Lymphe in zahlreiche Schnitte geimpft. Am 4.—5. Tage wird die Lymphe mittels scharfen Löffels abgekratzt, die gewonnene Masse mit 60% Glyzerin zur Keimabtötung der zahlreichen in der Lymphe vorkommenden Bakterien und Saprophyten im Mörser oder in Mühlen gut zu einer Emulsion verrieben. Abfüllen der nach dem Sedimentieren gewonnenen klaren Flüssigkeit. Die Kälber werden nach der Abimpfung obduziert. Bei nicht gesunden Organen wird die Lymphe vernichtet.

Mit welchen Mitteln hat man versucht, die Lymphe lange haltbar zu machen, ohne daß sie ihre Wirksamkeit einbüßt (z. B. in den Tropen)?

Man hat Trockenlymphe hergestellt, die zum Gebrauch mit Glyzerin angerührt wird.

Von den chemischen Mitteln wird empfohlen Chinosol, $H_2O_2 + CO_2$, und ultraviolette Strahlen.

Wie wird eine Pockenimpfung beim Menschen ausgeführt?

Die Impfung erfolgt mit beschicktem Impfmesser oder Impffeder unter aseptischen Kautelen am Oberarm (bei Erstimpflingen auf dem rechten, bei Wiederimpflingen auf dem linken). Es genügen 4 seichte Schnitte von $^1/_2$ bis 1 cm Länge im Abstand von 2 cm. Stärkere Blutungen beim Impfen sind zu vermeiden. Ein Schutzverband ist nicht unbedingt notwendig. Nach 6 bis 8 Tagen findet der Nachschautermin statt.

Die Erstimpfung ist erfolgreich, wenn mindestens eine Pustel gut zur Entwicklung gelangt ist. Es genügt eine Bildung von Bläschen oder Knötchen an den Impfstellen bei der Revakzination.

2. Lyssa (Hundswut).

Wie verbreitet sich die Tollwut?	Von Hund zu Hund, auch Katzen und Wölfe kommen in Frage, die durch Bisse die Krankheit weiter verbreiten. Durch Bisse toller Hunde können aber auch Schafe, Ziegen, Rinder usw. infiziert werden.
Welche Arten von Wut kommen vor?	Die rasende und die stille Wut.
Welche Krankheitserscheinungen treten bei Wut auf? a) Tier?	Inkubation 3—10 Wochen. Dann 1. Prodromalstadium; abnorme Reizbarkeit, Verdrossenheit, Fressen unverdaulicher Gegenstände. 2. Maniakalisches Stadium: Heulende Stimme, Angst, Bewegungsdrang, Wut- und Beißanfälle. 3. Paralytisches Stadium: Lähmungen. Exitus.
b) Mensch?	Inkubation 20—60 Tage bis 1 Jahr. Prodromalstadium: Kopfschmerz, Unruhe, Schlingbeschwerden, dann Schlundkrämpfe, Angstanfälle, Tobsucht, Lähmungen. Exitus.
Ist der Erreger der Lyssa bekannt?	Der Erreger ist morphologisch nicht mit Sicherheit bekannt; er findet sich regelmäßig im Zentralnervensystem und im Speichel. Negri glaubte den Erreger in den großen Ganglienzellen des Ammonshornes von an Wut verendeten Tieren und Menschen gefunden zu haben (Negrische Körperchen); doch ist deren Befund nur ein Beweis für vorhandene Lyssa, ihr Fehlen aber kein Gegenbeweis.
Was sind Passagewutkörperchen (Lentz)?	Ovale, spindelförmige oder auch runde Körperchen, die frei im Gewebe zwischen gut erhaltenen Ganglienzellen liegen. Man findet sie im ganzen Ammonshorn, in den Clarkschen Säulen der Medulla oblongata und des Rückenmarks. Ihre Grundsubstanz färbt sich mit Eosin, im Innern finden sich mehrere klumpige, dunkelblau gefärbte Anhäufungen. Sie zeigen gewisse Ähnlichkeit mit den Negrischen Körperchen,

dürfen jedoch nicht mit ihnen identifiziert werden.

Wo findet man die Lentz'schen Passagewutkörperchen?

Selten bei Tieren und Menschen, die an Straßenwut verendet sind, dagegen regelmäßig bei mit Virus fixe geimpften Tieren. Differentialdiagnostisch sind sie daher verwertbar zur Abgrenzung der Passagewut von der Straßenwut.

Wie schützt man sich gegen die Übertragung der Tollwut?

Durch Anzeigepflicht der lyssaverdächtigen Tiere, Tötung derselben und der von ihnen gebissenen Hunde usw. Durch Hundesperre für 3 Monate im Umkreis von 4 km. Maulkorbzwang und Hundesteuer.

Wie versucht man beim Menschen nach Bißverletzungen durch wutkranke Tiere den Ausbruch der Erkrankung zu verhüten?

Innere Mittel versagen. Aussichtsvoller ist ein Ausbrennen der Bißwunden mit rauchender Salpetersäure und glühendem Eisen. Nur anwendbar kurz nach der Verletzung.

Aussichtsvoller ist die Vornahme der Pasteurschen Schutzimpfung.

Worin besteht die Tollwutschutzimpfung?

Darin, daß der infizierte Mensch durch langsame Vorbehandlung mit einem für ihn abgeschwächten Lyssavirus während der Inkubationszeit eine aktive Immunität erhält.

Ein mit Virus fixe geimpftes Kaninchen wird in der Agone getötet, das Rückenmark steril herausgenommen und an einem Seidenfaden in einem sterilen Gefäß über Ätzkali aufgehängt, bei 20° getrocknet. Durch die Trocknung nimmt die Virusmenge im Rückenmark ab. Ein 1 Tag getrocknetes Stückchen Rückenmark enthält bedeutend mehr Virus als ein 4 Tage getrocknetes. Ein 12 Tage getrocknetes Rückenmark enthält nur geringe Virusmengen, ist also abgeschwächt. Von dem verschiedene Tage lang getrockneten Mark werden kleine Stückchen abgeschnitten und in Glyzerin aufbewahrt.

Zur Impfung, die nach einem bestimmten Schema ausgeführt wird, wird ein 9—10 Tage getrocknetes Stückchen Rückenmark in 5 ccm NaCl-

Lösung (0,85%) gut verrieben und in die Bauchhaut des Menschen subkutan injiziert. Am folgenden Tage wird ein weniger lang getrocknetes Rückenmarkstückchen (7—8 Tage) in derselben Weise verrieben und injiziert. Man steigt langsam bis zum virulenten Rückenmark. Die Behandlung dauert 21 Tage. In schweren Fällen Wiederholung der Injektionen.

Wie lange hält der durch die Schutzimpfung erzielte Schutz an?	1—2 Jahre.
Wo existiert in Preußen ein Pasteurinstitut?	In Berlin im Institut für Infektionskrankheiten „Robert Koch".

Fleckfieber.

Wer ist der Überträger des Fleckfiebererregers?	Die Kleiderlaus.
Ist der Erreger bekannt?	Nein; man hat im Darminhalt von Läusen, die von Fleckfieberkranken gesammelt waren, polargefärbte Gebilde gefunden (Rickettsia Prowazeki und da Rocha-Lima). Ob diese Gebilde zu den Protozoen oder Bakterien gehören, oder ob sie Begleitbakterien eines ultravisiblen Virus darstellen, ist noch fraglich.
Ist es durch Verimpfung von Blut Fleckfieberkranker auf Affen gelungen die Krankheit zu erzeugen?	Ja. (Nicolle.)
Wie bekämpft man erfolgreich diese Krankheit?	Durch eingeführte Entlausung und strenge Isolierung Erkrankter und Ansteckungsverdächtiger.

Entlausung siehe Kapitel „Desinfektion".

Besteht eine natürliche Immunität gegen Fleckfieber?	Nein.
Wird nach dem Überstehen des Fleckfiebers beim Menschen eine Immunität erzielt?	Ja, wahrscheinlich lebenslänglich.

Welche Reaktion wird heute diagnostisch für die Erkennung des Fleckfiebers mit Erfolg angewendet?

Die Weil-Felixsche Reaktion. (Agglutination des Patientenserums mit Bac. Proteus. Berlin X 19.)

Desinfektion.

Was verstehen Sie unter Desinfektion?

Die Befreiung infizierter Gegenstände von Parasiten. Es handelt sich entweder um eine Abtötung der Keime oder um deren mechanische Entfernung.

Nennen Sie mir einige Verfahren, die sich mit der mechanischen Beseitigung der Keime befassen.

Zu verwerfen ist trockenes Abstauben und Fegen. Das Abreiben mit Brot ist zu verwerfen. Besser ist die Beseitigung der Keime auf feuchtem Wege. Abwaschen mit heißer Seifenlösung (3%), mit Sodalösung (2%); es sei jedoch bemerkt, daß zur vollständigen Keimabtötung die gewöhnlichen Seifen- und Sodalösungen nicht befähigt sind. Das Abwaschen und Abbürsten glatter Flächen mit keimtötenden Mitteln verspricht Erfolg.

Welche Mittel kommen für die praktische Desinfektion in Betracht?

I. Die Hitze:

1. als Verbrennung (Bett-Strohsäcke),
2. als siedendes Wasser; evtl. mit Zusatz von Soda (2%) (15 Minuten),
3. als heißer Wasserdampf (Dampfdesinfektionsapparat), siehe weiter unten.
4. als trockene Hitze.

II. Chemische Mittel:

1. Sublimat (1 bis 5 : 1000),
2. Karbolsäure (3%),
3. Verdünntes Kresolwasser (2,5%, (zum Abwaschen des Fußbodens usw.) von Ledersachen, zum Einlegen von Wäsche geeignet),
4. Kalkmilch (für Dejekte, Sputum, Abortgruben usw.), 20%,
5. Chlorkalk,
6. 35%ige wäßrige Lösung von Formaldehyd,
7. Formaldehyd, CH_2O Oxydationsprodukt des Methylalkohols, in Gasform zur Wohnungsdesinfektion.

Wie müssen die Desinfektionsmittel beschaffen sein, um wirksam sein zu können?

Wasserlöslich. Wasserdampf muß aber auch bei gasförmigen Desinfektionsmitteln (Formaldehyd) vorhanden sein.

Wirkt Alkohol desinfizierend?

Absoluter Alkohol wirkt an der Luft austrocknend auf die Bakterien. In Verbindung mit Wasser wirkt er **stark** desinfizierend, da die durch den Alkohol bewirkte Schrumpfung ausbleibt und so der Alkohol ins Innere der Zellen gelangen kann.

Sind Öle geeignete Suspensionsmittel für Desinfizientien?

Nein, weil Öle in Wasser unlöslich sind. So ist z. B. das früher gebräuchliche Karbolöl zur Desinfektion unbrauchbar.

Das Sublimat, eins der wirksamsten Desinfizientien, das in $1^0/_{00}$ Lösung vegetative Formen der Bakterien, in der Verdünnung 1 : 100 und 1 : 500 auch Sporen abtötet, wird in Pastillenform in den Handel gebracht. Was enthalten die Pastillen außer Sublimat?

Kochsalz. Es dient zur Löslichkeit und zur Hemmung der Gerinnung und ermöglicht daher das Eindringen des Desinfiziens in eiweißhaltige Flüssigkeiten.

Was wissen Sie über die Wirkung der Kaliseife?

Sie tötet bei 50° in kurzer Zeit Choleravibrionen, Typhus-, Diphtheriebazillen und die Eitererreger ab. Seife ist ein gutes Desinfiziens.

Wie gewinnt man die Kresole?

Aus den bei 180—210° siedenden Anteilen des Steinkohlenteers durch Ausschütteln mit NaOH, worin sich Kresole lösen; weiter durch Zusatz von H_2SO_4 und fraktionierte Destillation. (Ortho-, Meta-, Parakresol.)

Welche Kresolpräparate sind hauptsächlich im Gebrauch?

1. **Kresolseifenlösung, Liquor cresoli saponatus**, eine Mischung gleicher Teile Rohkresols und Kaliseife. Klare gelbbraune Flüssigkeit. Anwendung in 2,5—5%iger Lösung.

2. **Kresolwasser, aqua cresolica**, ein Gemisch von 1 Teil Kresolseifenlösung und 9 Teilen Wasser (100 Teile Flüssigkeit enthalten somit 5 Teile Kresol.)

Wie bereiten Sie sich eine 2,5%ige verdünnte Kresolwasserlösung? (Gehalt also 2,5% Kresol.)

Entweder durch Mischen des 5%igen Kresolwassers mit gleichem Volumen Wasser oder durch Auffüllen von 50 ccm Kresolseifenlösung auf 1 Liter mit Wasser.

Was ist Phobrol?

Ein Chlorpräparat; geruchlos, weniger giftig und wirksamer wie Kresolseifenlösung. Verwendet bei Lungentuberkulose in 2—5%iger Lösung.

Hierher gehören auch Lysol, Bacillol, Saprol. Wie wendet man diese Präparate an?

Lysol in 2—3%iger Lösung; für Stuhlgang und Sputum in 5—10%iger Lösung; Bacillol in 2—5%iger Lösung. Saprol, auch ein gutes Präparat zur Desodorisierung ist eine ölige Flüssigkeit, die 40% wasserlösliche Kresole enthält, auf Abwässern schwimmt. Die löslichen, desinfizierenden Bestandteile der schwimmenden Öldecke gehen allmählich in die Fäkalmassen über. Anwendung: in Epedemiezeiten pro Kubikmeter Fäkalien 10 kg Saprol; zu normalen Zeiten rechnet man zur Desodorisierung und Desinfektion der Aborte von Wohnhäusern pro Kopf monatlich etwa $^1/_{20}$ L., von öffentlichen Gebäuden $^1/_{16}$ L.

Was kann mit verdünntem Kresolwasser desinfiziert werden?

Bettbezüge, Wäschestücke, auch wenn sie mit Blut, Eiter, Kot u. dgl. beschmutzt sind, ferner Pelz, Leder, Gummisachen, Fußböden, Möbel, Wände usw., die Absonderungen und Ausleerungen der Kranken, Hände und sonstige Körperteile.

Worin bestehen die Vorteile dieser Seifen?

In der Schmutz- und Fettauflösung und der abtötenden Wirkung der im Schmutz und Fett vorhandenen Keime.

Wie stellt man Kalkmilch her?

Durch Anrühren von 1 Liter gelöschtem Kalk (vorher frisch bereitet) mit 3 Liter Wasser.

Was kann mit Kalkmilch desinfiziert werden?

Wände mit Kalkanstrich, Fußböden aus Lehmschlag und Steinfußböden. Stuhlentleerungen, Urin, Erbrochenes, Schmutzwässer, Rinnsteine, Kanäle.

Was ist Formalin?

Eine 35%ige wäßrige Lösung des Formaldehyds.

Wie wird Formalin verwendet?

1. Als gasförmiger Formaldehyd.
2. In wäßriger Lösung (1%ige Formaldehydlösung).

Wie wirkt Formaldehyd?

Formaldehyd, das beim Erhitzen mit Wasserdampf wieder in gasförmigen Formaldehyd übergeht, wirkt oberflächlich desinfizierend (5 g Formaldehyd gleich 12,4 g käufliches 40%iges Formalin pro Kubikmeter Wohnraum 4 Stunden lang).

Welche Apparate kommen für die Formaldehyddesinfektion (zur Verdampfung des Formalins) in Betracht?

Der Sprayapparat (Czaplewski-Prausnitz), Scherings „kombinierter Äskulap", der Breslauer-Flüggesche Apparat. Hier werden Formalin und Wasser in einem einfachen Behälter mit großer Heizfläche verdampft, nachdem vorher alle für die Ausführung der Formalindesinfektion notwendigen Maßnahmen erfüllt sind, wie Entfernung von Pflanzen und Tieren aus dem Zimmer, Durchtränkung der gebrauchten Wäschestücke mit Kresolseifenlösung, Abwaschen von Möbeln und Fußboden mit Kresolseifenlösung, Öffnen von Schränken, Aufhängen von Kleidern und Betten, Abdichten von Fenstern und Türen und sonstigen Öffnungen, Anbringen des Ammoniakentwicklers. Nach beendeter Desinfektion ist Ammoniak in besonderem Kessel zu entwickeln, und die Dämpfe sind durch ein durch das Schlüsselloch geleitetes Rohr in das desinfizierte Zimmer zu leiten, um den Geruch des Formaldehyds zu entfernen.

Haften der Formaldehyddesinfektion Mängel an?

Ja. Die Apparate sind zu teuer; das Verfahren ist wegen der Benutzung eines Spiritusbrenners unter Umständen feuergefährlich. Für die Desinfektion größerer Räume sind mehrere Apparate notwendig.

Man hat daher nach apparatlosen Verfahren gesucht. Welche kennen Sie?

1. Das Autanverfahren (Bariumsuperoxyd + Paraform + H_2O = Formaldehyddämpfe + Wärmeentwicklung). [Verfahren zu teuer; wegen starken Aufschäumens hohe Gefäße notwendig.]

2. $KMnO_4$ + Formalin + H_2O (2 Liter Formalin + 2 Kilo $KMnO_4$ + 2 kg H_2O für 100 cbm Raum).

3. Paraform + $KMnO_4$ + H_2O, 10 g + 25 g + 30 g pro Kubikmeter Raum. Für das Gelingen der Reaktion ist ein Sodazusatz von 1 % der Paraformmenge notwendig.

Wie führen Sie das Formalin-Kaliumpermanganatverfahren praktisch aus?

Die abgemessenen Mengen Formalin und Wasser werden in das Entwicklungsgefäß (Waschbottiche oder Emailleeimer usw.), gegossen und erst dann die erforderliche Kaliumpermanganatmenge unter Umrühren dazu gegeben.

Welche Größe der Entwicklungsgefäße eignet sich am besten für das Paraform - Kaliumpermanganatverfahren?

Man rechnet für je 1 cbm des zu desinfizierenden Raumes $^1/_2$ l Gefäßinhalt. Gefäße am besten aus Metall (Eisenblech).

Wie gehen Sie bei der Ausführung der Desinfektion mit Paraform-Kaliumpermanganat vor?

Die abgewogenen Paraform- und Sodamengen werden mit der nötigen Wassermenge von Zimmertemperatur in das Gefäß gegossen. Dann fügt man die vorher abgewogene Kaliumpermanganatmenge hinzu und rührt mit einem Holzstab das Ganze gut um.

In allen Fällen ist Kaliumpermanganatum crystallisatum zu verwenden.

Womit entfernt man die nach der Desinfektion mit dem Formalin-Kaliumpermanganatverfahren oft zurückbleibenden Flecke?

Mit wäßriger schwefliger Säure und Nachspülen mit H_2O.

Kann man die Formaldehyddesinfektion bei allen Infektionskrankheiten als genügend ansehen?

Nein, nur da, wo die Infektionserreger oberflächlich sitzen. Für infizierte Matratzen muß Dampfdesinfektion eintreten.

Kennen Sie noch ein anderes gasförmiges Desinfektionsmittel als Formaldehyd?

Das Schwefeldioxyd (Clayton-Apparat). Zur Desinfektion mindestens 8 % Gehalt erforderlich. Zur Entlausung schon 4 % genügend.

Welche Arten von Desinfektion mit Wasserdampf unterscheidet man?

1. Die Desinfektion mit gesättigtem strömenden Wasserdampf von 100°.

2. Die Desinfektion mit gespanntem Wasserdampf (mehr als 100 bis 125°). Austritt des Dampfes nur nach

Überwindung eines Ventils möglich; daher im Innern des Apparates ein Überdruck.

Die am meisten benutzten Apparate arbeiten mit geringem Überdruck von $^1/_{10}$—$^1/_{20}$ Atmosphäre.

Wo soll die Einströmungsöffnung für den Dampf in dem Desinfektionsapparat liegen?

An dem höchsten Punkte, da nur so eine vollkommene Beseitigung der spezifisch schwereren Luft garantiert ist.

Wie entwickelt man „überhitzten" Dampf zu Desinfektionszwecken?

Durch direkte Anwärmung, d. h. durch stark erhitzte Rohre nimmt der Dampf eine Temperatur an, welche höher ist, als dem Druck entspricht. Desinfektionswirkung aber nicht so sicher.

Welche Sachen sind von der Dampfdesinfektion auszuschließen?

Geleimte und furnierte Möbel, Hüte, Hutfedern, Sammet, Plüsch, Ledersachen, die im Dampf hart werden und schrumpfen, Bücher und Pelzwerk, feinere Kleidungsstücke, sämtliche mit Blut, Eiter oder Kot beschmutzte Wäschestücke, da sonst festhaftende Flecke entstehen, harzhaltige Hölzer und gestrichene Gegenstände.

Gegenstände (Haare, Borsten, Ledersachen, Pelze, Wolldecken), die eine stärkere Temperaturerhöhung bei gleichzeitiger Anwesenheit von Wasser oder gesättigtem Dampf nicht vertragen, werden im Vakuum-Formalin-Desinfektionsapparat desinfiziert. Beschreiben Sie dieses Verfahren!

Nach Beschickung der luftdicht abschließbaren Eisenkästen Absaugen der Luft unter Anwärmung des Apparates auf 50—60°. Einlassen einer 8%igen Formaldehydlösung in feinsten Tröpfchen oder als Dampf. Anwärmen und Einwirkung $^1/_2$ Std.

Bei der praktischen Wohnungsdesinfektion unterscheidet man die laufende und die Schlußdesinfektion. Worauf erstreckt sich die laufende Desinfektion?

1. Auf die Desinfektion aller Sekrete und Exkrete des Kranken.

2. Auf Eßgeschirre, Leib- und Bettwäsche des Kranken, Verbandstoffe, auf das Pflegepersonal, die Händedesinfektion usw.

Welche Vorbedingung ist zur Durchführung einer wirksamen laufenden Desinfektion unerläßlich?

Eine unbedingt zuverlässige Absonderung des Kranken.

Was bezweckt die Schlußdesinfektion?

Die Vernichtung sämtlicher Krankheitsstoffe, die der fortlaufenden Desinfektion entgangen sind, z. B. im Staub abgelagerte infektiöse Sekretteilchen.

Heute steht die laufende Desinfektion am Krankenbett im Brennpunkt des Interesses. Dementsprechend sind vom preußischen Minister für Volkswohlfahrt am 8. Februar 1921 für die in erster Linie in Betracht kommenden übertragbaren Krankheiten: Tuberkulose, Typhus, Ruhr, Diphtherie, Scharlach, Genickstarre und Körnerkrankheit neue Desinfektionsanweisungen erlassen worden. Bei welchen Krankheiten soll danach von einer Schlußdesinfektion unter Zuhilfenahme der Formaldehyd- oder Dampfdesinfektion in der Regel abgesehen werden?

1. Bei Scharlach, Diphtherie und Genickstarre.

2. Bei Typhus, Paratyphus und Ruhr.

Bei welcher Krankheit wird noch oft eine Schlußdesinfektion mit dem Dampfdesinfektionsapparat nötig werden?

Bei der Tuberkulose.

Bei welchen Krankheiten ist die Schlußdesinfektion überhaupt entbehrlich?

Bei Körnerkrankheit, Kindbettfieber und sonstigen Wundinfektions-Krankheiten.

Wie geschieht zweckmäßig die Desinfektion mit trockner Hitze?

In einem Kasten aus Eisenblech mit Doppelwandung von etwa 1 cbm Inhalt, der mittels Gasbrenners und Regulators auf einer Temperatur von 75—85° gehalten wird, oder in der Heißluftkammer nach Vondran.

Welche Gegenstände können auf diese Weise desinfiziert werden?

Bücher, Ledersachen, Pelze, wertvolle Kleider, Uniformen usw. Sachen, die im Dampfapparat nicht desinfiziert werden dürfen. Im allgemeinen ist die Desinfektionskraft der trockenen Hitze gering anzuschlagen.

Welche Händedesinfektionsverfahren kennen Sie?

1. Die Fürbringersche Methode (Seife, Alkohol, Sublimat).

2. Die Ahlfeldsche Methode (Seife, Alkohol).

3. Waschung mit Lysol, Sublimat und Karbolsäure in den entsprechenden Verdünnungen.

4. Seifenspiritus (Mikulicz).

5. Schumburgs Methode (Alkohol + Äther [2 : 1] + 0,5%ige HNO_3; später 0,5%ige Salpetersäure oder 1%iges Formaldehyd enthaltenden Alkohol).

6. Methode v. Herff (Alkohol + Azeton).

7. Waschung mit Seife und warmem Wasser, gründliche Nageltoilette, Trocknen der Hände mit sterilen Handtüchern, Alkoholdesinfektion 3—4 Min. lang.

8. Die Gochtsche Methode. Waschung mit Gipspulver und warmem Wasser (10 Min.), 5 Minuten Alkoholwaschung (70%).

Jede Stadt sollte eine Dampfdesinfektionsanstalt besitzen. Beschreiben Sie mir eine derartige Anstalt!

Man unterscheidet eine unreine Seite, in der die zu desinfizierenden Gegenstände angefahren werden, und eine reine Seite, wo die desinfizierten Gegenstände entnommen werden und bis zur Abfahrt lagern. Der Dampfdesinfektionsapparat ist zwischen beiden Abteilungen derart aufgestellt, daß die eine Tür sich in die reine Seite, die andere Tür sich nach der unreinen Seite zu öffnet. Zwischen der reinen und unreinen Seite liegt gewöhnlich der Baderaum für den Desinfektor. Die meisten Dampfdesinfektionsapparate sind für ungespannten (freiströmenden) bzw. sehr wenig gespannten Dampf von 100 bis 104 °C eingerichtet. Die in den Apparat gebrachten Gegenstände müssen darin so verteilt werden, daß der Dampf von allen Seiten leichten Zutritt hat.

Welche 3 Abschnitte lassen sich bei einem Dampf-

1. Die Vorwärmung, die die Bildung von Niederschlagswasser vermeidet.

desinfektionsvorgang unterscheiden?

2. Den eigentlichen Desinfektionsprozeß.

3. Die Nachtrocknung der Gegenstände.

Die Vorwärmung geschieht dadurch, daß man den Dampf zunächst „indirekt“ in den im Apparat befindlichen Rippenheizrohren oder einen Doppelmantel strömen läßt, bis das Innere des Apparates eine Temperatur von 60 bis 70° C erreicht hat. Dann erst wird der direkte Dampf in den eigentlichen Desinfektionsraum eingeleitet. Die Dampfabzugsklappe wird kurz darauf geschlossen, wenn das Thermometer im Dampfabzugsrohr 100° C anzeigt.

Die Nachtrocknung erfolgt in entsprechender Weise wie die Vorwärmung.

Worauf bezieht sich die Prüfung der Dampfdesinfektionsapparate?

1. Auf die Anheizungsdauer (Zeitraum bis zum Abströmen gesättigten Dampfes aus dem Apparat).

2. Auf die Eindringungsdauer des Dampfes in die Objekte.

3. Auf die Abtötungsdauer.

Nach welchen Methoden bestimmt man die Eindringungsdauer des Dampfes in die Objekte?

1. Durch Legierungs-Kontaktthermometer. Bei erreichter Temperatur von 100° C Verflüssigung eines Metallstäbchens oder Plättchens, wodurch Schluß eines Stromkreises und Auslösung einer Klingelvorrichtung eintritt.

2. Durch das Stuhl-Lautenschlägersche Quecksilber-Kontaktthermometer, durch welches bei 100° C und darüber ein elektrischer Strom geschlossen wird.

3. Durch Maximalthermometer, die ins Innere der Objekte eingelegt und nach Ablauf der Desinfektion herausgenommen und abgelesen werden, wobei sie 100° anzeigen müssen.

4. Durch Jodkleisterstreifen nach v. Mikulicz. Bei Temperaturen unter 100° im strömenden Dampf braucht die Entfärbung über eine Stunde, bei 106—107° ist sie schon in 10 Minuten

eingetreten. In trockener Hitze tritt keine Entfärbung ein.

5. Durch Sticher sche Phenanthren-Röhrchen. Phenanthren schmilzt bei 98° nach 10 Minuten langer Einwirkung.

Durch welchen weiteren Versuch können Sie feststellen, ob der Desinfektionsapparat eine sichere Abtötung von Bakterien gewährleistet?

Durch den sog. Desinfektionsversuch (Einbringung verschiedenartigen sporenhaltigen oder sporenfreien Bakterienmaterials an Seidenfäden angetrocknet, in Fließpapier eingehüllt, in das Innere der Objekte. Nach erfolgter Desinfektion Prüfung auf Sterilität auf geeigneten Nährböden).

Anhang: Die Entlausung.

Worauf erstreckt sich die Entlausung?

1. Auf die Personen,
2. auf die Gegenstände und Kleider,
3. auf die Räume.

Wie wird eine Person entlaust?

Der zu Entlausende tritt auf ein mit verdünntem Kresolwasser durchtränktes Laken und entkleidet sich langsam und vorsichtig, um ein Verstreuen der Läuse zu verhüten. Das Laken wird vorsichtig zusammengelegt und in einen Bottich mit verdünntem Kresolwasser eingetaucht. Brustbeutel, Bruchbänder, Verbände usw. sind auch abzulegen. Nun folgt gründliches Abseifen des ganzen Körpers mit Schmierseife und warmem Wasser. Nach dem Abtrocknen werden die Kopfhaare kurz geschnitten, die Achsel-, Scham- und sonstigen Haare am Körper rasiert oder gründlich mit grauer Salbe oder mit weißer Präzipitatsalbe eingerieben. Bei Frauen tränkt man die Haare mit läusetötenden Mitteln (Sabadillessig, Petroleum, Perubalsam) und umhüllt den Kopf mit gutsitzendem Verbande 12 bis 24 Stunden. Die entlausten Personen erhalten reine Leibwäsche, Unterwäsche und reine Kleidung.

Wie entlaust man Leib- und Bettwäsche und waschbare Kleidungsstücke?

Durch Kochen ($^1/_4$—$^1/_2$ Stunde) in Wasser mit Sodazusatz (2%) oder durch Einlegen in Kresolwasser (2 Stunden).

Wie geht man dagegen bei nicht waschbaren Kleidungsstücken, wollenen Decken, Federbetten und Matratzen vor?

Man bringt diese Gegenstände in einen Dampfapparat oder räuchert sie mit schwefliger Säure in geschlossenem Raume aus.

Wie verfährt man mit Pelzwerk und Ledersachen (Schuhe)?

Gründliche Durchfeuchtung mit verdünntem Kresolwasser.

Außer den angegebenen Methoden stehen aber zur Entlausung noch Apparatverfahren zur Verfügung, die bei der Entlausung von Wäsche- und Kleidungsstücken, Leder und sonstigen für die Dampfdesinfektion ungeeigneten Sachen in Anwendung kommen. Welche kennen Sie?

1. Das Entlausungsverfahren durch trockene Hitze (80°) in der Heißluftkammer (Apparat Vondran).

2. Das Entlausungsverfahren durch die Dämpfe des unverbrannten Schwefelkohlenstoffs in einem mit Blech ausgeschlagenen Kasten. Einwirkung der Schwefelkohlenstoffdämpfe mindestens 6 Stunden.

(Vorsicht: Giftig und feuergefährlich.)

Wie geht man bei der Entlausung von großen Räumen und bei Gegenständen in großen Massen vor?

Indem man gasförmige, schweflige Säure in den betreffenden Räumen einwirken läßt, die in der für die Formaldehyddesinfektion vorgeschriebenen Weise abgedichtet sind.

Wie entwickelt man schweflige Säure?

1. Durch Verbrennen von Schwefel in Stücken in einer rinnförmigen Wanne aus Eisenblech, deren Grund mit Schamotteerde ausgekleidet ist.

(6 kg Schwefel für 100 cbm Raum.) Einwirkung 6 Stunden.

2. Durch Verbrennen von „Salforkose“ und von Schwefelkohlenstoff mit Zusatz von Spiritus und Wasser.

3. Durch Verwendung flüssiger schwefliger Säure in Stahlbomben (Feuergefährlichkeit ausgeschlossen). Das Gas wird durch eine Öffnung in der Wand oder Tür (Schlüsselloch) in den Raum geleitet. (Auf 100 cbm Raum 12 kg flüssige schweflige Säure; Einwirkung 6 Stunden.)

Ein neues Verfahren zur Vertilgung von Ungeziefer ist das Blausäureverfahren. Was wissen Sie darüber zu sagen?

Cyanwasserstoffgas wird durch Übergießen von Cyannatrium in Holzbottichen mit Schwefelsäure (2 Liter Wasser, 2 Liter 60%ige Schwefelsäure und 1,5 kg Cyannatrium für 25 cbm Luftraum) erzeugt. Gefährliches Verfahren, darf nur von den dazu beauftragten Stellen (Deutsche Gesellschaft für Schädlingsbekämpfung) ausgeführt werden. Abtötung von Läusen und Nissen in 2 Stunden bei Blausäuredämpfen von 2 Vol-% Konzentration.

Welche Vorsichtsmaßregeln muß der Desinfektor bei dem Entlausungsprozeß für seine Person anwenden?

Er trägt einen Schutzanzug (eine Art Hemdhose), der unten geschlossen und mit einer Haube versehen ist, die nur das Gesicht freiläßt. Außerdem trägt er Gummihandschuhe, die über die Armöffnungen der Hemdhose gestreift werden, hohe Gummischuhe oder hohe Schaftstiefel (evtl. Abdichtung der Zugangsöffnungen mit Heftpflaster usw.).

Die gleichen Verfahren gelten für die Vertilgung von Wanzen und Flöhen.

Einige der gebräuchlichsten Fachausdrücke in der Immunitätslehre.

Agglutinine (Gruber u. Durham, Kolle u. Pfeiffer)?

Sind spezifische Stoffe im Serum Immunisierter, welchen die Fähigkeit zukommt, Bakterien zusammenzuballen (Gruber-Widalsche Reaktion).

Aggressine (Bail)?

Sind Stoffe, die von den Bakterien gebildet werden, welche die natürlichen Schutzstoffe des angegriffenen Organismus lähmen.

Aktive Immunisierung?

Siehe Immunität.

Alexine (Buchner)?

Schutzstoffe des Körpers gegen Infektion.

Synon: Komplement (Ehrlich), Zytase (Metschnikoff).

Allergie (v. Pirquet)?

Veränderte Reaktionsfähigkeit des Organismus.

Ambozeptor?

Immunkörper, Präparator (Gruber), Fixateur (Metschnikoff), Sensibilisator (Bordet) entsteht nach wiederholten Einspritzungen von Bakterien oder Blutkörperchen; er hat die Fähigkeit, die eingespritzten Bakterien oder Blutkörperchen aufzulösen (Bakteriolysine, Hämolysine).

Anaphylaxie?

Überempfindlichkeit des Organismus:

a) gegen bakterielle Toxine,

	b) gegen fremdartiges Serum.
Antigene?	Antikörper auslösende Stoffe (Toxine, Bakterien, Blutkörperchen usw.).
Antikörper?	Sind spezifische Stoffe, die sich nach Einverleibung von Antigenen im Körper bilden, z. B. Antitoxine durch Einverleibung von Toxinen.
Bakterienpräzipitine?	siehe Präzipitine.
Bakteriolysine?	Bakterienauflösende Antikörper (Pfeiffer'scher Versuch siehe Seite 181.)
Bakteriotropine (Neufeld u. Rimpau)?	Sind die im Immunserum auftretenden Stoffe, welche die Bakterien (Streptokokken, Pneumokokken) für die Phagozytose vorbereiten.
Cytolysine oder Cytotoxine?	Siehe Zytolysine.
	Tierische Zellen (weiße Blutkörperchen, Spermatozoen) auflösende Antikörper.
Eiweißpräzipitine?	Siehe Präzipitine.
Endotoxine?	Gifte, die im Bakterienleib enthalten sind, bei deren Auflösung oder Zerfall frei werden und den Körper schädigen können.
Hämagglutinine?	Eine die Zusammenballung der Blutkörperchen herbeiführende Substanz.
Hämolyse?	Auflösung der roten Blutkörperchen.
Hämolysine?	Rote Blutkörperchen auflösende Antikörper.
Immunität?	Unempfänglichkeit des Organismus für eine bestimmte Krankheit.
	a) Natürliche Immunität (angeboren).
	b) Erworbene Immunität, durch Überstehen einer Infektionskrankheit erworbene zeitweilige oder dauernde Unempfänglichkeit für dieselbe.
	c) Aktive Immunität, die der Körper durch seine eigenen Schutzkräfte erzeugt.
	d) Passive Immunität. Herbeiführung der Immunität durch Einbringen fertiger, in einem anderen Körper aktiv gebildeter Schutzstoffe.
Aktive Immunisierung (Ehrlich)?	Nach der Einführung lebender, abgeschwächter oder abgetöteter Bakterien werden von den Zellen des Organismus aktiv die Schutzstoffe erzeugt.

Passive Immunisierung (Ehrlich)?	Einverleibung der wirksamen, fertigen Schutzstoffe in den Körper, z. B. Serum immunisierter Tiere. (Diphtherie- oder Tetanusserum).
Immunitätseinheit = I. E.?	Ein Maßstab für die Auswertung der Immunsera speziell des Diphtherieserums. Unter einer I. E. versteht man diejenige Menge von Diphtherieserum, die genügt, eine für Meerschweinchen 100fach tödliche Giftdosis zu paralysieren.
Immunkörper?	Siehe Ambozeptor.
Immunsera?	Spezifisch wirkende Sera, die durch Einverleibung der verschiedensten Antigene gewonnen sind.
Inaktivierung eines Serums?	Zerstörung von Komplement durch $^{1}/_{2}$stündiges Erwärmen auf 56° C.
Komplement (Ehrlich)?	Siehe Alexine.
Leukocidin?	Leukozytenschädigende Stoffwechselprodukte der Staphylokokken.
Lysine?	Siehe Bakteriolysine, Hämolysine.
Negative Phase?	Phase erhöhter Empfänglichkeit für Infektion in den ersten Tagen nach Einspritzung von Impfstoff.
Opsonine?	Unter Opsoninen (ὀψώνειν = zubereiten, schmackhaft machen) versteht man Stoffe, die im Serum normalerweise nachweisbar sind, welche die Bakterien in der Weise beeinflussen, daß sie von den Leukozyten leichter aufgenommen werden. Sie werden bei 60° zerstört. Die im Immunserum auftretenden Opsonine, die bedeutend thermoresistenter sind, werden von Neufeld Bakteriotropine genannt.
Passive Immunisierung?	Siehe Immunität.
Pfeiffer'scher Versuch siehe Seite 181?	Siehe Bakteriolysine.
Phagozytose?	Mit Phagozytose bezeichnet man nach Metschnikoff die Eigenschaft verschiedener Zellen (Freßzellen oder Phagozyten), Mikroben in das Zellinnere aufzunehmen und zu verdauen.
Polyvalentes Serum?	Es wird gewonnen: 1. durch Vermischung verschiedener Immunsera;

	2. durch Immunisierung eines Tieres mit verschiedenen Stämmen ein und derselben Bakterienart.
Präzipitine?	Durch Vorbehandlung von Tieren mit Kulturfiltraten, Bakterien oder artfremdem Eiweiß (Blutserum, Milch) treten im Blutserum derselben Stoffe auf (Bakterien-Eiweißpräzipitine), die mit den genannten Antigenen (Präzipitinogenen) Niederschläge bilden (Präzipitat). Wichtig: forensische Blut- und Eiweißdifferenzierung.
Stimuline?	Substanzen, die die Leukozytentätigkeit erhöhen.
Toxine?	Giftige Stoffwechselerzeugnisse der Bakterien von unbekannter Konstitution.
Toxon?	Ein Gift, das die diphtherische Spätlähmung hervorruft.
Überempfindlichkeit?	Siehe Anaphylaxie.
Zytolysine, Zytotoxine?	Tierische Zellen auflösende Antikörper. (Weiße Blutkörperchen und Sperma.)

Leitfaden der Mikroparasitologie und Serologie. Mit besonderer Berücksichtigung der in den bakteriologischen Kursen gelehrten Untersuchungsmethoden. Ein Hilfsbuch für Studierende, praktische und beamtete Ärzte. Von Professor Dr. **E. Gotschlich**, Direktor des Hygienischen Instituts der Universität Gießen, und Professor Dr. **W. Schürmann**, Privatdozent der Hygiene und Abteilungsvorstand am Hygienischen Institut der Universität Halle a. S. Mit 213 meist farbigen Abbildungen. 1920. Preis M. 25.—; gebunden M. 28.60

Grundriß der Hygiene für Studierende, Ärzte, Medizinal- und Verwaltungsbeamte und in der sozialen Fürsorge Tätige. Von Professor Dr. med. **Oscar Spitta**, Geheimer Reg.-Rat, Privatdozent der Hygiene an der Universität Berlin. Mit 197 zum Teil mehrfarbigen Textabbildungen. 1920. Preis M. 36.—; gebunden M. 42.80

Taschenbuch der speziellen bakterio-serologischen Diagnostik. Von Dr. **Georg Kühnemann**, Oberstabsarzt a. D., prakt. Arzt in Berlin-Zehlendorf. 1912. Gebunden Preis M. 2.80

Technik der mikroskopischen Untersuchung des Nervensystems. Von Professor Dr. **W. Spielmeyer**, Vorstand des Anatomischen Laboratoriums der Psychiatrischen Klinik in München. Zweite, vermehrte Auflage. 1914. Gebunden Preis M. 4.80

Taschenbuch der praktischen Untersuchungsmethoden der Körperflüssigkeiten bei Nerven- und Geisteskrankheiten. Von Dr. **V. Kafka** in Hamburg-Friedrichsberg. Mit einem Geleitwort von Professor Dr. W. Weygandt. Mit 30 Textabbildungen. 1917. Gebunden Preis M. 5.60

Das Sputum. Von Professor Dr. **Heinrich v. Hoeßlin.** Mit 66 größtenteils farbigen Textfiguren. 1921. Preis M. 148.—; in Ganzleinen gebunden M. 168.—

Technik der klinischen Blutuntersuchung. Für Studierende und Ärzte. Von Dr. **A. Pappenheim** in Berlin. 1911. Preis M. 2.—

Winke für die Entnahme und Einsendung von Material zur bakteriologischen, serologischen und histologischen Untersuchung. Ein Hilfsbuch für die Praxis. Von Prosektor Dr. med. **E. Emmerich** in Kiel und Marine-Oberstabsarzt Dr. **Hage** in Cuxhaven. Mit 2 Textabbildungen. 1921. Preis M. 9.—

Praktisches Lehrbuch der Tuberkulose. Von Professor Dr. **G. Deycke**, Hauptarzt der Inneren Abteilung und Direktor des Allgemeinen Krankenhauses in Lübeck. Mit 2 Textabbildungen. (Fachbücher für Ärzte. Band V.) 1920. Gebunden Preis M. 22.—

Zu den angegebenen Preisen der angezeigten älteren Bücher treten Verlagsteuerungszuschläge, über die die Buchhandlungen und der Verlag gern Auskunft erteilen.